Quand souffle le vent du nord
Les feuilles mortes
Fraternisent au sud

Yosa Buson (1716-1783)

Traditionnel par essence, le bois fait aujourd'hui l'objet d'une valorisation quasi sacrée, et apparaît comme une solution miracle pour faire face aux enjeux climatiques et verdir le secteur de la construction. Mais le bois est bien davantage : c'est un matériau habile, accessible à tous et capable de répondre aux enjeux urbains contemporains. De plus, il peut s'inscrire dans une démarche territoriale forte et permettre de réinventer les filières productives locales.

Le bois *marketé* est une tendance lourde en ce début du siècle. Initialement caché dans les toitures et les planchers, ou montré de manière précieuse dans des intérieurs à prétention bourgeoise, il est devenu visible en tant que revêtement comme la promesse d'une domesticité presque rurale déclinée en peau et double peau, quelles que soient les situations urbaines. Des souvenirs de voyage au Vorarlberg, berceau de la construction bois, ne restaient souvent qu'une pellicule, se substituant aux monocouches habituelles. Déjà la pierre, à l'époque des agrafes et des épaisseurs minimales, avait subi ce même destin d'ornementation extérieure. Le bois est devenu un passage presque obligé, la tenue de camouflage d'une minéralité mal ressentie à force d'être quantitative.

Aujourd'hui, la construction bois s'est légitimée de manière quasi scientifique. Le bois est présenté selon une fonction fortement utilitariste : il serait le remède aux excès de la frénésie constructive de ces dernières décennies. Le bois, et par extension la forêt dont il provient, a acquis la fonction principale de captage du dioxyde de carbone rejeté par les activités humaines, et, pour cette raison, on lui confère un rôle de premier plan dans la lutte contre le changement climatique. Ce sont les écosystèmes forestiers qui, en plus de fournir le bois nécessaire à la transition bas carbone, séquestrent 87 millions de tonnes de CO_2, soit 19 % du total des émissions françaises. L'approche quantitative ne saurait être la seule solution : la monoculture et l'importation massive de bois de construction ne peuvent, par définition, constituer une solution à long terme pour une ville durable. Il est devenu évident que la réinvention du rapport à la « ville nature », garantie d'un climat maîtrisé, devra se faire à partir d'une sylviculture raisonnée et partie prenante de la naturalisation de la métropole. Pour que le cercle économique soit vertueux, la « ville nature » devra nécessairement tirer ses ressources de son grand territoire. La filière bois en France compte aujourd'hui plus de 400 000 emplois regroupés autour de domaines d'activités variés. Il est désormais impératif de reconstituer une industrie territorialisée du bois de construction pour accompagner l'augmentation de la demande.

Pour autant, l'utilisation du bois ne peut se réduire aux contraintes nées du changement climatique, ou à des objectifs chiffrés. Elle est bien plus heureuse, à l'image de la pierre qui est belle quand elle quitte son aspect pelliculaire. Le bois est rugueux lorsqu'il est au stade de matériau brut, mais lisse et enclin à des usages infinis lorsqu'il est travaillé. De plus, le bois est quasiment éternel lorsqu'il est utilisé à bon escient. Les images des maisons multi-centenaires à colombages, les solides charpentes et les tuiles de bois alpines viennent immédiatement à l'esprit. À l'instar de l'acier et du béton, le bois possède des process économiques éprouvés, et, comme ces derniers, ses propriétés lui confèrent un caractère incontournable pour certains usages. Il ne s'agit pas de rentrer dans une confrontation des matériaux ou dans une course au plus « vertueux ». Envisageons le bois comme autre chose qu'un catéchisme prônant la seule réduction du CO_2. Envisageons-le pour ses qualités et sa complémentarité.

« L'insoutenable légèreté de l'hêtre » est avant tout une attitude urbaine parce que le bois est malléable, adaptable et jamais définitif. La construction bois est particulièrement adaptée à des structures exigeant légèreté et grandes portées, comme certains bâtiments à usage public. Elle apporte confort, esthétisme et performance à de nombreux logements, de l'individuel jusqu'au collectif. Elle invente la possibilité d'un renouvellement des logiques tertiaires grâce à un confort et un rapport à la matière qui permet d'échapper au capotage omniprésent.

Mais le bois, c'est aussi la possibilité d'un bricolage urbain permanent. C'est la possibilité de s'extraire du sous-œuvre, d'utiliser les fondations telles qu'elles existent. Le bois possède une spontanéité constructive unique. Il est tour à tour prétexte à un agrandissement, à une surélévation, à une transformation en profondeur des usages et des possibilités. Il permet de faire rapidement et silencieusement, dans un esprit de construction facile. Cela rajoute une couche, une épaisseur à la ville. Le bois se monte et se démonte à l'image d'un mécano permanent. C'est aussi l'invisible qui rend les choses visibles. Tels les cintres en bois soutenant les arcs-boutants de la Cathédrale Notre-Dame, visibles pour un temps à nouveau, pour ensuite être oubliés, vite remplacés par la majesté de la structure en pierre – alors que sans le bois de construction, l'ouvrage n'aurait tout simplement pas été possible. Le bois n'a pas le sérieux du béton, ni son caractère définitif. La construction se veut ici plus temporaire, plus mutable, et octroie un caractère un peu moins définitif aux choses, qui, en réalité, ne sont pas immuables. Les villes se complaisent trop dans une sorte de permanence et d'éternité. Elles en oublient la nécessité de permettre la spontanéité, la réversibilité et les modifications potentielles. Certaines cultures permettent davantage cette spontanéité. En Amérique du Nord, par exemple, on construit et on déconstruit aux rythmes des évolutions démographiques, des changements d'usages et des cycles économiques, et la construction bois y est majoritaire dans l'habitat. À l'image de la surélévation en bois sur l'emprise d'un ancien supermarché place de la Nation à Paris, la ville continue de bouger, ses fonctions apparaissent, évoluent, et se modifient en permanence. L'apparition spontanée d'un bâtiment en structure bois accompagne cette légèreté urbaine dans un cadre marqué par une rigidité toute haussmannienne. Le bois tire sa compétence de son agilité structurelle sans avoir besoin de s'exhiber en façade où tous les revêtements sont permis : on revient alors à l'origine, le bois utile, loin des faux-semblants des plaquages. Dans le pavillonnaire aussi, il acquiert une dimension plus urbaine. Cet environnement statique retrouve tout à coup un nouveau dynamisme. Ici une pièce en plus, là un bureau attenant. Les potentiels d'évolutions semblent infinis. Le bois écrira ainsi sa légitimité territoriale à la fois par une densification légère des tissus existants et par l'invention d'une nouvelle capacité de production. Celle-ci devra se faire à partir des forêts proches des métropoles, véritables régulateurs climatiques en ces temps de réchauffement.

Le bois est résolument bien plus qu'une solution de captage des excès d'une société majoritairement urbaine. Il représente une certaine insouciance de la construction, une facilité de transformation et une accessibilité bienvenue. La transformation des villes constitue le sens même de leur existence. Elles sont en mutations permanentes. Le bois est un accélérateur de ces évolutions et les rend possibles. Il est garant de la ville que l'on aime, celle qui se renouvelle sans cesse.

François Leclercq

Fuir l'architecture sclérosée, le risque de dérive de la filière bois

La construction bois a tant le vent en poupe qu'il serait presque déplacé de parler de ses contradictions. Forêts « ingérables » et déforestation, carbone stocké et longs voyages, innovations et savoir-faire, la filière bois éprouve les limites d'un système pourtant redoutable d'efficacité.

Les majors de la seconde transformation du bois ont contribué à porter ce matériau jusqu'aux oreilles des élus. Elles ont soutenu les innovations techniques et motivé les législations. En cela, leur travail a été remarquable. Le bois n'est plus le matériau pittoresque de notre folklore alpin. Il a pris sa place dans les réglementations comme dans les villes, et impose désormais ses enjeux dans le débat public. Le bois est même devenu le symbole d'une conscience environnementale collective : on habite désormais une construction bois par conviction, et c'est un progrès formidable.

Dans cette poursuite exaltante de la promotion du bois, le matériau est monté en compétence. Les efforts produits par l'enseignement pour former des acteurs éveillés à la recherche et au développement ont porté leurs fruits, et des budgets ont été débloqués à l'initiative des grands groupes industriels. Le bois continue sa quête de « super matériau » comme le béton l'a fait en son temps, dans les années 1990, avec le BFUP (Béton Fibré à Ultra haute Performance). Et l'ère des innovations est loin d'être terminée.

Nous participons aujourd'hui avec enthousiasme à la construction de l'Arboretum à Nanterre, un ensemble tertiaire en bois de plus de 100 000 m² en CLT (Cross Laminated Timber, ou panneau massif lamellé-croisé), et nous avons pu développer de nouvelles améliorations architecturales et techniques. Ces constructions de grandes échelles représentent des défis extraordinaires que nous relevons volontiers fièrement. Mais à présent que la filière bois est solidement constituée, nous voulons croire qu'il existe un autre défi motivant et pertinent, celui consistant à développer sur notre territoire les circuits courts, et à mettre à contribution les bois autochtones, transformés localement. Car la filière bois ne peut faire de grands pas sans emmener dans son sillage les petites scieries que notre histoire a produites. Le risque d'une filière bois trop exigeante en termes d'innovations – exigence découlant de la solidité de son ingénierie de R&D – est d'enfermer l'architecture dans le carcan de la productions industrielle et de renoncer petit à petit aux techniques et savoir-faire établis. La construction bois est d'une infinie richesse, c'est une certitude, ne serait-ce que si on la rapporte à la diversité des essences qui composent nos forêts.

L'architecte a besoin de se confronter à la diversité des savoir-faire, de l'ultra-performance des produits industriels aux techniques ancestrales dont la France est si riche. Stimulé par cette diversité, il s'attachera toujours à expérimenter, à dénicher et à s'émerveiller des nouveautés, peut-être par peur de s'ennuyer, de répéter les mêmes histoires et de se laisser happer par le quotidien d'une production lissée, uniforme. L'idée de réduire la construction bois à une essence, l'épicéa, et à quelques procédés constructifs est très angoissante. L'architecte ne doit pas cautionner cette dérive de la filière. Renoncer à l'architecture prémâchée du produit standardisé, se frotter à l'acte de construire et fuir l'architecture sclérosée, quel combat motivant !

L'appel au secours tacite de la filière bois nous concerne. La filière est saturée et incomprise. Le coût du bois augmente et les scieries disparaissent. L'architecte doit se confronter à de nouveaux modes constructifs, et la filière a tout à y gagner.

Sans doute pour cela faut-il repenser les forêts françaises, mais n'existe-t-il qu'une manière de rendre la forêt plus productive, plus rentable ? L'idée d'une uniformisation des forêts vers un modèle spatialement rigoureux, aux essences choisies, est très inquiétante. Repensons les forêts françaises, oui, car il faut donner de la matière à travailler aux scieurs, mais ne perdons pas la spécificité de la forêt française, une forêt charmante, onirique, une forêt désirable. Et apprenons à construire différemment, grâce à une meilleure compréhension de la chaîne de production, de la grume à la grue. Donnons de la matière aux petits industriels pour grandir et se développer avant d'investir dans des modernisations assurément nécessaires.

Produit loin de chez nous, le bois des pays nordiques reste encore notre quotidien, et, s'il sera toujours utile, il ne peut porter seul la diversité architecturale. L'architecte a besoin de raconter des histoires, et pour cela il a besoin de s'étonner, d'explorer, pour redécouvrir chaque fois la nudité d'un matériau dans la genèse de son mode constructif.

L'architecture bois a de belles années devant elle et les architectes ont encore mille bâtiments à inventer. Quant à la ville, elle a toujours su digérer les époques qui l'ont façonnée faisons-lui confiance pour digérer ce matériau il est résilient et son vocable est agréable. Le bois a pris sa place dans la production architecturale et portera longtemps l'étendard d'une filière environnementale : locale, décarbonée, inventive et architecturalement inspirante.

Paul Laigle

INSEP   10.2020

Le bois dans l'industrie du bâtiment est-il un matériau propre à notre époque ? Du point de vue de la cause environnementale, le bois est en tout cas un partenaire de choc et cette noble matière est maintenant configurée par les technologies numériques. En l'espace de dix ans, les traditions artisanales associées à l'ingénierie et à l'architecture ont fait du bois un matériau performant grâce aux éléments préfabriqués par la conception assistée par ordinateur (CAO). La CAO est en train de renouer notre lien distendu avec cette matière, source de bien-être sensitif et familier, synonyme de retour des fondamentaux de la construction. Plaidant pour l'innovation et le numérique, le philosophe Michel Serres y verrait peut-être une rupture dans notre manière d'habiter, car c'en est une, si tant est que le bon alignement des planètes en matière d'urbanisme soit au rendez-vous.

159

L'emploi du bois dans la construction s'accompagne d'un changement de paradigme : il annonce, en effet, une technique en rupture avec les pratiques courantes, un changement un peu comparable à l'avènement du moteur électrique dans l'industrie de l'automobile. Mais, surtout, la construction en bois devra s'adapter pour démontrer sa capacité à incarner une architecture durable et créative. L'enjeu est là. C'est-à-dire justifier sa mise en œuvre au regard des contextes sociaux et économiques et des contraintes techniques, répondre à des besoins modulables, associer éventuellement le bois à d'autres matériaux, le béton bas carbone par exemple – ces deux matériaux sont recommandés dans la Stratégie nationale bas-carbone adoptée en 2015 –, et fédérer les acteurs pour qu'ils travaillent en symbiose plutôt qu'en superposition afin de hisser le bois à son meilleur niveau.

30

Le risque, bien évidemment, serait que ce matériau vivant, naturel, et politiquement correct, enferme les maîtres d'œuvre dans une posture idéologique ou fasse naître des systèmes de standardisation qui finissent par remplacer le dogme du béton par un autre dogme, ce qui reviendrait à reproduire les erreurs du passé. Précurseurs de la solution bois dans la première décennie des années 2000 et forts de leur expérience, François Leclercq et ses équipes pensent que le bois ne peut avoir un rôle hégémonique. « Nous avons fait la preuve par l'exemple que le bois convient à de grandes structures et qu'il peut s'adapter à différents contextes en s'associant parfois à d'autres matériaux, explique l'architecte. Les éléments préfabriqués impliquent une maîtrise d'œuvre exigeante si l'on veut éviter la banalisation des formes urbaines, le bois dans la construction exprime à la fois leur mutation, leur transformation, il est l'antithèse de la ville immobile. »

20

Vecteur d'une ville vertueuse, le bois est un peu le convive de dernière minute qui s'invite à la table des enjeux urbains de demain. À lui d'établir de nouvelles relations avec une architecture qui se trouve à la croisée des chemins, entre débats critiques et process d'évolution techniques. Ces derniers embrassent plusieurs facteurs : le milieu entrepreneurial de la filière bois, la recherche appliquée, la réversibilité des bâtiments et la manière d'habiter. « Notre époque est commune à celle d'Haussmann en ce sens qu'elle ouvre une phase de bouleversement des techniques, des besoins, des usages, des typologies et des matériaux. Aujourd'hui, le bois trouve sa place dans notre société écolo/digitale, les deux grandes transitions de notre génération, mais gardons à l'esprit que les composants ne font pas le projet, la structure d'un bâtiment est essentiellement de l'ordre de l'architecture », prévient Marie-Hélène Contal, directrice adjointe de l'Institut français d'architecture et nouvelle présidente du conseil d'administration de l'École nationale supérieure d'architecture de Lyon.

Le bois et l'architecture

Cette question du bois dans la modernité constructive a ressurgi au lendemain de l'incendie tragique de la cathédrale Notre-Dame de Paris au printemps 2019. Anciens et modernes ont bataillé à cœur joie au sujet de la reconstruction à l'identique de son exceptionnelle charpente, « la forêt », une œuvre magistrale édifiée au XIIIᵉ siècle. Bois ou béton ? C'est la première option qui a été retenue, avec à la clé un lourd sacrifice : 1 000 chênes de grand âge sélectionnés dans les forêts françaises. Retour à la tradition ou compromis avec les matériaux de la modernité ? Éternel débat. Ce choix va convoquer des savoir-faire ancestraux que les compagnons charpentiers des devoirs savent mettre en œuvre. Pour autant, les technologies numériques et les expertises des architectes ne seront pas écartées de ce chantier historique car, depuis les maisons à colombages, le bois a toujours fait l'objet d'expérimentations et son histoire est jalonnée d'esprits pionniers.

On l'a peut-être oublié, mais durant les années 1965-1985, des maîtres d'œuvre comme Pierre Lajus, Roland Schweitzer et Jean Pierre Watel prônaient une architecture moderne et attractive fondée sur la technologie de l'ossature bois légère, descendante directe de la charpente américaine dite *balloon frame*. Ils développèrent un travail expérimental pour l'adapter à une production industrielle à un moment où la politique de l'« industrialisation ouverte » était promue par l'État Français. Cette volonté publique de réorganiser la construction tirait les conclusions de l'échec des méthodes de la filière monopolistique du béton armé par lesquelles était arrivé le désastre des grands ensembles [1]. Ces recherches prometteuses sont restées dans les archives, preuve en est que toucher aux monopoles n'est jamais simple.

En réalité, le bois dans l'écriture architecturale contemporaine est une succession de petits pas. Depuis trente ans, le Comité national pour le développement du bois (CNDB), vitrine de la filière, mène un travail de fond pour qu'une maîtrise d'œuvre ambitieuse lui redonne ses lettres de noblesse. Dans les années 1990, cet organisme professionnel s'est tourné vers la formation des architectes pour concevoir des projets exemplaires qui furent publiés dans sa revue *Séquences Bois*, associée au magazine *Techniques et architecture*. À l'époque, sous la houlette de son président Gérard Moulet, grand industriel de la menuiserie, le CNDB mobilisa la profession dans le but de stimuler les marchés publics. « Notre rôle a eu un impact auprès de ces commanditaires, on leur a appris qu'une architecture bois ne se concevait pas comme une architecture en béton, ce matériau n'est pas une variante, il doit être pris en compte dès la rédaction du cahier des charges pour qu'il serve le projet dans son esthétique et son équation économique », précise Marion Cloarec, diplômée en architecture, directrice de la formation des maîtres d'œuvre et des maîtres d'ouvrage au CNDB, une activité dont elle a été la cheville ouvrière.

À présent, l'alliance de l'art, de l'ingénierie et du numérique interroge chercheurs et architectes, en particulier ceux du laboratoire de l'École polytechnique fédérale de Lausanne, une référence en matière d'innovation dans les matériaux et de conception assistée par ordinateur. Dans *Les Cahiers de l'Ibois/Notebooks* parus en 2020 et mettant en lumière les travaux scientifiques de cette prestigieuse université, le critique d'architecture Christophe Catsaros témoigne de la montée en puissance de ces nouvelles pratiques, mais il note aussi qu'à la différence de l'architecture et de l'urbanisme, l'ingénierie s'est repliée sur une posture autoréférentielle, certes d'une grande efficacité, mais qui demande que l'on redouble d'efforts pour parvenir à une hybridation transdisciplinaire.

Le bois de la nouvelle génération

Tel Janus, dieu de la transition, le bois a deux visages. Celui d'un matériau façonné par la main de l'homme et celui d'un produit standard optimisé par de nouveaux systèmes constructifs. Deux visages, mais un seul objectif : faire sortir le bois du chalet rustique et de la maison individuelle où il était cantonné pour le hisser dans les *skylines* de la ville dense. Car le bois est en train de faire la démonstration que sa palette d'intervention est multiple : logements, bureaux, équipements publics, il s'attaque à toutes les échelles, même les plus hautes.

Par exemple, à Vienne, depuis 2020, la tour HoHo Wien culmine à 84 mètres au cœur de la capitale autrichienne, dépassant de 28 mètres la tour Hypérion à Bordeaux réalisée en 2017 (500 kilos de carbone stockés par mètre cube), le premier immeuble de grande hauteur (IGH) de l'Hexagone

Direction régionale de l'Agriculture et de la Forêt, Châlons-en-Champagne, 1985-1990, Roland Schweitzer, architecte © Archives Roland Schweitzer

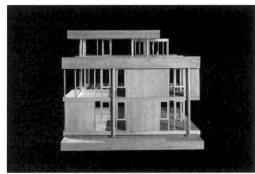

Maquette de la Direction régionale de l'Agriculture et de la Forêt, Châlons-en Champagne, 1985-1990, Roland Schweitzer, architecte © Cité de l'architecture et du patrimoine / musée des Monuments français / Gaston & Septet, photographes

dominant la Garonne du haut de ses 17 étages. La performance est toujours le signe de la maîtrise d'un matériau nouveau. Toutes différences gardées, les exploits de l'architecture métallique au XIXᵉ siècle ou encore les prouesses du béton précontraint précédaient la standardisation de ces matériaux. Il s'agit à présent de donner au bois une place concrète dans la sphère des bâtiments publics et privés, le logement en tête, pour apporter une réponse plus durable à la densité urbaine et à l'empreinte carbone qui colle à l'industrie immobilière comme le sparadrap du capitaine Haddock.

Il y a encore dix ans, il était interdit de bâtir un immeuble en bois dépassant les deux étages ; avec l'évolution récente de la réglementation urbaine, les programmes de cinq, sept et neuf étages font florès dans les écoquartiers. En bons élèves, les aménageurs suivent les recommandations des politiques publiques et montrent qu'un changement de culture pointe son nez. En France, en 2018, il s'est construit 25 655 logements en bois[2], et ce sont les régions Auvergne-Rhône-Alpes, Île-de-France et Grand Est qui montent sur le podium. Avec seulement 5,7 % de part de marché de la production globale de logements classiques (450 000 par an), le bois pousse timidement son pion, et ce n'est qu'un début. D'ici à moins de vingt ans, il nous faudra définitivement changer de braquet : économie circulaire, réduction des énergies fossiles, usage de matériaux moins polluants, lutte contre la déforestation et, chez nous, sylviculture raisonnée – le bois d'œuvre est au cœur de tous ces défis.

« La filière sèche a un impact direct sur l'économie d'un projet en raison des délais de construction et de livraison qui se trouvent raccourcis, explique l'architecte Serge Gros, ex-directeur du CAUE de Grenoble. Mais le bois est aussi prétexte à interroger les modes constructifs conventionnels et à requalifier les métiers du bâtiment, c'est-à-dire le scieur, le charpentier, l'architecte et l'ingénieur qui définissent la nature des calculs de la structure bois ». C'est là une équation pérenne apte à combiner la rationalité industrielle et la maîtrise d'œuvre.

Foyer européen de l'architecture écologique, le Land autrichien du Vorarlberg a diffusé son expérience jusque dans le département de l'Isère, région transalpine quasi voisine qui s'est inspirée de ses pratiques pour réveiller son industrie forestière et ses savoir-faire locaux. Chargée en 2003 de la préfiguration de la Cité de l'architecture et du patrimoine, et commissaire de l'exposition « Une provocation constructive, architecture et développement durable au Vorarlberg », Marie-Hélène Contal est à l'origine de ces échanges fructueux entre acteurs isérois et avant-gardistes autrichiens, épaulée dans sa démarche par Serge Gros qui a su mobiliser toute la filière bois de ce département. Passée par Sciences Po, cette architecte fut la première à révéler le rôle politique et économique de ce laboratoire d'architecture durable qui développe des concepts de construction bois via le numérique en y associant des maîtres d'œuvre, des charpentiers et des scieurs locaux. Avec 16 millions d'hectares boisés, la France ne serait-elle pas, elle aussi, en mesure de faire fructifier son capital naturel ?

La filière bois française : combien de divisions ?

Économiquement et socialement importante – 60 milliards d'euros de chiffre d'affaires et 440 000 emplois directs et indirects –, l'industrie du bois en France, quatorzième filière stratégique du Conseil national industriel, recèle un formidable potentiel, et son vaste domaine, privé pour les trois quarts, s'élève au quatrième rang européen. « Par son dynamisme naturel, notre forêt se porte bien et nous n'utilisons que 30 % de cette ressource, analyse l'historienne Andrée Corvol-Dessert, directrice de recherche au CNRS, présidente du Groupe d'histoire des forêts françaises (GHFF). Mais la spécificité hexagonale handicape notre filière bois ; à l'instar des marchés mondiaux, le marché français demande des sciages de résineux, c'est donc l'impasse : nos feuillus majoritaires facilitent la régénération naturelle, mais pénalisent notre économie sylvicole. »

Les facteurs qui freinent l'essor économique de notre industrie sont multiples. L'importation de résineux vaut pour le lamellé-collé et pour le lamellé-croisé, ces panneaux

Hermann Kaufmann + Partner, logements sociaux à Wolfurt, 2001

multicouches mis au point en Autriche, appelés CLT (Cross Laminated Timber)³ qui garantissent la stabilité dimensionnelle des bâtiments de longue portée ou de grande hauteur. Cette situation s'explique par une perte de vitesse du bois dans la construction en France. Dans notre pays riche d'un patrimoine forestier multiséculaire, ce matériau a depuis longtemps quitté la scène urbaine, excepté dans les coffrages en bois qui donnent forme à tout édifice en béton, et ce, contrairement aux pays de l'Europe du Nord et de l'Est qui n'ont jamais cessé de l'utiliser, consolidant ainsi ce secteur industriel depuis plus de quarante ans. Par effet rebond, les scieries de l'Hexagone sont en déclin. Le ministère de l'Agriculture estime dans ses statistiques que ce secteur a perdu 90 % de ses unités depuis 1960 ; à titre d'exemple, les PME de la première transformation du bois ont quasiment disparu du territoire francilien. C'est la raison pour laquelle la Région Île-de-France vient d'accorder un soutien financier substantiel aux petites structures encore existantes. À moins qu'elles ne se regroupent, cette contribution ne sera sans doute pas suffisante malheureusement pour faire face aux futures constructions de la métropole du Grand Paris.

Le bois un vecteur capital [e]

Les projets du Grand Paris seront-ils un tremplin au bois d'œuvre dans la perspective d'un développement durable de la région métropolitaine ? En 2020, le Pacte Bois-Biosourcés-Fibois-IDF, la nouvelle charte de l'interprofession, a recueilli l'adhésion d'une trentaine de professionnels franciliens – aménageurs, promoteurs, bailleurs sociaux – s'engageant à construire plus d'un million de mètres carrés bois, majoritairement français, dans leurs programmes. Une telle ambition est sans doute tenable sur le long terme, si l'offre répond à la demande et si la réglementation assouplit les normes en vigueur. Ces conditions valent en réalité pour tout le territoire national. L'élan qui se profile va booster la filière bois, à condition que ses multiples organisations interprofessionnelles coopèrent afin de redynamiser l'économie territoriale. Mais il ne faut pas oublier que la construction bois ne pourra se développer sans laisser une place de premier rang à l'architecture dont on connaît l'adage : le bon matériau au bon endroit.

1   Voir l'article de Stéphane Berthier, « Le renouveau de l'architecture de bois en France, 1965-1985 : une expérimentation industrielle ». Source : journals.openedition. org, 2017.
2   5ᵉ enquête nationale de la construction bois. Source : Batirama.com, article 26716.
3   La technologie du lamellé-croisé a été mise au point par l'ingénieur français Pierre Gauthier en 1947. En 1950, le lamellé-croisé est utilisé par des architectes de renom, notamment Jean Prouvé. Après de longues années d'oubli, il connaît un nouvel essor. C'est en Autriche et dans le sud de l'Allemagne, dans les années 1990, que les premières usines de grande capacité de production de panneaux structurels s'installent. Ce matériau est aujourd'hui industrialisé sous le nom de Cross Laminated Timber (CLT).

L'activité de la construction bois par région

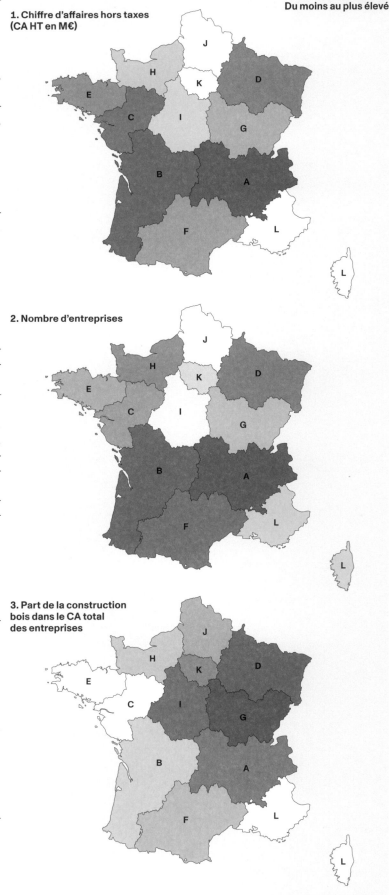

Du moins au plus élevé

1. Chiffre d'affaires hors taxes (CA HT en M€)

2. Nombre d'entreprises

3. Part de la construction bois dans le CA total des entreprises

Régions		CA HT (en M€)	Nombre d'entreprises	Part de la construction bois dans le CA total des entreprises (en %)
A	Auvergne-Rhône-Alpes	375	400	51 %
B	Nouvelle-Aquitaine	209	265	42 %
C	Pays-de-la-Loire	172	162	40 %
D	Grand-Est	171	189	53 %
E	Bretagne	135	155	40 %
F	Occitanie	126	196	44 %
G	Bourgogne-Franche-Comté	125	119	76 %
H	Normandie	117	166	43 %
I	Centre-Val-de-Loire	115	78	52 %
J	Hauts-de-France	46	55	48 %
K	Île-de-France	46	95	50 %
L	PACA-Corse	46	101	40 %
Total France		**1683**	**1981**	

En balade, 2003-2013 20

La filière bois d'amont en aval 97

Le roman du Vorarlberg 143

Perspectives 173

Les ouvrages en bois édifiés au tournant des années 2000 sont peu nombreux à témoigner de l'essor de ce matériau dans le paysage urbain. Une chose est certaine, leur charpente n'est pas taillée dans des bois équarris à la main comme jadis, mais dans des matériaux performants usinés grâce à la conception assistée par ordinateur. Comment se comportent-ils aujourd'hui et quels sont leurs atouts d'un point de vue technique et esthétique ? Il fallait aller voir sur place.

Le lycée Jean-Baptiste Corot à Savigny-sur-Orge (2000-2009), le pôle sportif de l'INSEP (2005-2014) et le lycée Nelson Mandela (2011-2014) font partie de ces bâtiments pionniers, des réalisations «d'art et d'essai», comme les appelle François Leclercq qui les a conçus avec ses équipes et des maîtres d'ouvrage publics.

Ces aventures architecturales ont commencé alors que Paul Laigle, jeune architecte, intégrait cette agence en 2002, développant par la suite un savoir-faire spécifique sur ce matériau. Depuis, il est devenu l'un des associés de l'agence et connaît la genèse de ces bâtiments dont il raconte ici, en détail, les conditions dans lesquelles ils ont été imaginés, dessinés et conçus, avant d'être construits à une époque où il fallait défricher la filière bois, encore balbutiante en France.

Les architectes ne disposaient alors que de marges de manœuvre restreintes pour se lancer dans l'écoconstruction. Le bois était importé de forêts certifiées de toute l'Europe ou même de Sibérie – c'est toujours le cas – et les industriels rodés à ce mode constructif se comptaient sur les doigts de la main. Pour autant, les entreprises et les ingénieurs présents aux côtés de l'agence Leclercq Associés lui ont ouvert le champ des possibles en matière de produits industriels bois, comme le lamellé-collé et le lamellé-croisé. Restait à savoir s'ils étaient adaptables à la grande dimension de ces équipements sportifs et éducatifs. CQFD.

En balade, 2003-2013

Lycée Jean-Baptiste Corot, Savigny-sur-Orge

Halle sportive, Institut national du sport, de l'expertise et de la performance (INSEP), Paris

Lycée Nelson Mandela, Île de Nantes

Retour vers le futur

Ce chapitre du livre offre l'opportunité de partager pour la première fois les expériences de l'agence Leclercq Associés dans la construction bois à travers des projets d'architecture qu'elle a menés entre 2000 et 2014 avec des maîtres d'ouvrage publics dont les préoccupations n'étaient pas uniquement dictées par la dimension écologique. Le lycée Corot, le pôle sportif de l'INSEP et le lycée international Nelson Mandela s'inscrivent dans la première et la deuxième génération des bâtiments en bois qui ont fait la promotion de ce matériau en France. À ce titre, ces ouvrages demeurent des réalisations emblématiques pour l'agence.

Au seuil des années 2000, l'expression architecturale dans ce matériau est un défi pour les maîtres d'œuvre qui veulent porter l'écoconstruction à son meilleur niveau, a fortiori dans le cadre de la commande publique. La particularité de ce mode constructif tient au fait qu'il associe les techniques anciennes de la charpente et la fabrication d'éléments optimisés par le numérique ; autrement dit, la filière sèche fait la synthèse entre l'artisanat et l'ingénierie. De fait, ce rapprochement interroge les pratiques de notre profession. Pour sa part, l'agence est parvenue à faire coïncider son désir d'architecture avec la conception en bois sans rien céder à l'exigence de ses projets.

Cette aventure collective lui a permis d'observer les ressources de l'industrie du bois en France et la lente acceptation de ce matériau chez les commanditaires qui le sollicitent à présent, comme en témoigne l'engouement actuel de l'industrie immobilière. Intuitivement, François Leclercq a pensé dès le départ – et c'est d'autant plus vrai aujourd'hui – que le bois convenait à de grandes structures et qu'il s'adaptait à différents cahiers des charges selon le contexte naturel ou bâti. Par leur dimension et l'adaptation à leur environnement, ces trois équipements sportifs et éducatifs en font la démonstration et prouvent que des éléments légers et préfabriqués peuvent être efficients.

Lycée Jean-Baptiste Corot   10.2020

Les premiers pas dans le bois

Au lancement des deux premiers projets à Savigny-sur-Orge et dans le bois de Vincennes, en 2000 et 2005, rares sont les entreprises de deuxième transformation du bois à être suffisamment armées pour investir ce marché naissant. Seules le peuvent celles qui intègrent un bureau d'études techniques et sont équipées d'outils numériques, c'est-à-dire de machines informatisées pouvant produire du lamellé-collé par un système d'aboutage. L'intérêt de ce matériau largement répandu dans la construction bois est la fabrication de pièces de grande dimension ou de formes particulières qui n'auraient pu être obtenues par l'utilisation du même matériau sans transformation.

Au même moment, le bois à usage structurel appelé bois « lamellé-croisé » débarque en France. Usiné en immenses panneaux multicouches, il est reconnu pour ses performances dans les grandes portées comme les façades et les planchers. Fabriqué en Autriche et dans les pays scandinaves, il est issu de résineux qui poussent de façon homogène dans ces pays de grand froid, contrairement au caractère hétérogène des nôtres, plus difficiles à exploiter. Nos équipes le découvrent sous le nom de lamibois[1], importé par quelques grands groupes français qui fabriquent localement du lamellé-collé. Parmi eux, la société CMB (Construction Millet Bois), avec laquelle le premier projet voit le jour à Savigny-sur-Orge, et l'entreprise Arbonis, concepteur et constructeur de solutions bois adossé au groupe Vinci Construction, qui accompagne les chantiers du pôle sportif de l'INSEP à Vincennes et du lycée international Nelson Mandela à Nantes. Par la force des choses, la culture bois de l'agence s'est appuyée sur ces grands groupes importateurs qui sont les premiers à avoir accordé une place importante à des produits industriels bois (lamellé-collé, CLT, plancher bois/béton) dans des réalisations d'envergure et de grande hauteur.

Débutantes dans ce mode constructif, très vite, nos équipes font l'apprentissage de ces matériaux standards en se frottant aux aptitudes des ingénieurs bois spécialisés dans leur mise en œuvre. À cette époque, ceux qui connaissent les systèmes modulaires du lamellé-collé et du lamellé-croisé ne sont pas légion et nous avons la chance de faire la connaissance de Dominique Calvi, le « père » de l'ingénierie bois, une référence dans le milieu. Il nous est présenté par l'entreprise CMB lors du projet de Savigny-sur-Orge, puis nous le rappelons à nos côtés pour bâtir le pôle sportif de l'INSEP dans le bois de Vincennes.

Cette collaboration étroite avec l'ingénieur bois s'est montrée fructueuse pour deux raisons. Primo, l'ingénieur bois nous permet, à nous maîtres d'œuvre, attachés à faire de l'architecture, de ne pas simplement assembler des planches. Secundo, il y a une manière spécifique d'utiliser ces produits préfabriqués qui gouverne les plans et les épures, si tant est que l'on veuille produire une architecture pertinente et non transposable. Au-delà de cette phase d'études préliminaires, nous nous sommes aperçus que le constructeur jouait un rôle prépondérant dans la conception du projet. C'est lui qui étudie sa faisabilité d'un point de vue économique et, connaissant son outil de fabrication, sait faire évoluer les procès-verbaux en l'absence de règles. De plus, en bon artisan, il a l'intuition des possibilités de la structure bois. Ce cadre opérationnel posé, la maîtrise d'œuvre doit ensuite lancer les appels d'offres, une procédure à laquelle nous nous sommes adaptés en modifiant l'équarrissage des structures pour les rendre compatibles avec différents produits industriels présents sur le marché.

1   Le lamibois se présentait sous ce nom, il y a vingt ans, comme du lamellé-collé-serré ou comme du lamellé-croisé. Pour les grandes portées, son intérêt tient à sa grande résistance sur un panneau d'une extrême finesse.

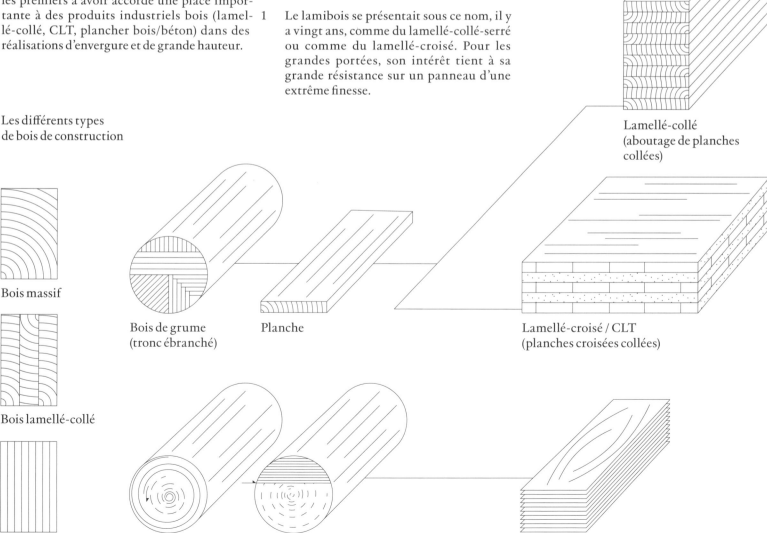

Les différents types de bois de construction

Bois massif

Bois lamellé-collé

Lamibois

Bois de grume (tronc ébranché)

Planche

Grumes

Lamellé-collé (aboutage de planches collées)

Lamellé-croisé / CLT (planches croisées collées)

Bois de placage stratifié collé (lamibois, LVL)

Défricher la filière bois

À deux reprises, l'agence va solliciter des industriels du bois qui sont alors peu nombreux sur le marché national. En 2005, au moment de construire le pôle sportif de l'INSEP et par volonté de tester les compétences du lamellé-collé, elle s'adresse à des transformateurs hexagonaux en se rendant dans leurs usines. Cette mise à l'épreuve des savoir-faire lui permet de sélectionner des produits industriels adaptés à son projet, et ce travail d'investigation sur le terrain sera en définitive à la fois passionnant et concluant.

À Nantes, en revanche, la situation est plus compliquée pour la construction du lycée international Nelson Mandela. En 2011, alors que l'industrie française du bois commence à se réveiller, l'agence identifie les acteurs nantais grâce à la filière bois locale Atlanbois qui l'aide à identifier les bons artisans. Le duo architecte/bureau d'études ICM local se met en contact avec les entreprises de la région et il apparaît que le chêne, très performant techniquement, pourrait être une solution – sauf que les ressources s'avèrent insuffisantes pour bâtir une charpente de 25 000 m². Nous allons donc nous replier sur l'épicéa, très classique dans son façonnage en lamellé-collé. Bien décidées à trouver une solution sur place, nos équipes approchent trois transformateurs locaux, des scieurs réunis en collectif qui sont prêts à nous suivre, mais ils ne parviennent pas à remporter l'appel d'offres par manque d'expertise.

Ces petites entreprises ne sont pas encore assez aguerries pour faire évoluer le prix de la charpente entre l'appel d'offres et son coût final, à la différence des grands groupes mieux rodés comme l'entreprise Arbonis, qui remporte ce marché via son antenne régionale. En effet, toute la difficulté réside dans la manière de réguler un devis en fonction du programme et cet ajustement dépend de la conjoncture et de la tension du marché. D'aléa en aléa, un projet finit toujours par se faire, mais un bon chantier est celui qui reste au plus près des conditions financières de départ.

S'associer et chiffrer est un métier. C'est justement ce à quoi est parvenu Maître Cube, premier opérateur national de construction bois créé en 2015, une entreprise que l'agence a rencontrée à la faveur d'un projet récent. Ce collectif s'appuie sur la force de ses huit sites de production en France, essentiellement des scieurs qui ont regroupé leur savoir-faire en mettant en réseau leurs compétences respectives. Avec leurs différents bureaux d'études intégrés, ils savent travailler directement avec les architectes et s'adapter aux demandes spécifiques des donneurs d'ordre, collectivités locales, SEM et entreprises du BTP. Ces industriels ont compris que l'union faisait la force de leurs outils de production, et les maîtrises d'œuvre sont maintenant à la recherche de ce type d'initiatives qui les accompagnent au plus près de leurs réalisations.

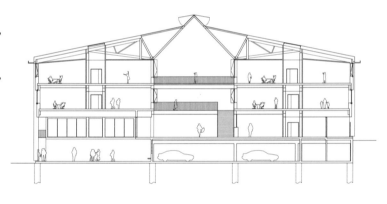

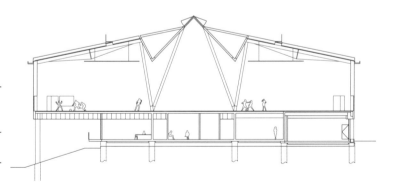

Coupes, Lycée Nelson Mandela

0 1   5   10   20

Le bon matériau au bon endroit

Au fil de ces trois projets et affinant leurs connaissances dans l'emploi du CLT et du lamellé-collé, nos équipes comprennent les implications formelles de ces produits standards. Il reste que le bois, comme tout autre matériau, est sujet à innovation, et elles doivent en faire la démonstration. Les projets de Savigny, du bois de Vincennes et de Nantes témoignent d'une recherche structurelle et esthétique qui leur est propre, et chaque fois leur conception vient nourrir notre intérêt pour le matériau bois, nous incitant à l'exploiter à fond et à éprouver sa stabilité quelles qu'en soient les formes.

Pour autant, le bois, si vertueux soit-il, ne peut avoir un rôle hégémonique dans la construction, et dès notre première expérience dans la filière sèche à Savigny-sur-Orge, nous pensons que ce matériau n'est pas l'unique bonne réponse, tout comme le béton, mais que les deux associés font preuve de très bonnes performances statiques et physiques. Selon la règle d'or en architecture, « le bon matériau au bon endroit », la solution hybride bois-béton va prendre tout son sens à la faveur des deux autres projets, et cela en réponse à leurs cahiers des charges respectifs.

Dans le bois de Vincennes, le pôle sportif de l'INSEP de 13 000 m² présente deux problématiques intiment liée : l'étanchéité de son soubassement partiellement enfoui et l'équilibre des charges verticales des quatre gymnases, des contraintes qu'il faut anticiper par un socle en béton. À Nantes, le lycée international Nelson Mandela se trouvant sur le site de la presqu'île, zone déclarée à risques sismiques, il convient de sécuriser cette vaste halle de 25 000 m² qui sera l'un des premiers ouvrages bois conçus pour résister aux tremblements de terre. Combinés ensemble, ces deux matériaux se responsabilisent chacun dans leur fonction et la présence du béton ne compromet en rien la qualité intrinsèque de ces deux bâtiments en bois, mais parfait leur résistance et leur adaptabilité au contexte.

Sur le chemin de l'innovation

Le lycée Nelson Mandela à Nantes est l'exemple type de la coexistence de deux matériaux de nature différente, source d'innovation. Afin d'assurer le comportement vibratoire de ce bâtiment sur une aussi grande portée, nos équipes de maîtrise d'œuvre mettent au point un plancher collaborant bois/béton avec l'appui de l'ingénieur bois Laurent Rossez du bureau d'études ICM. On parle souvent de structure, mais peu des complexes de façades qui ont aussi une grande importance, et Gaëtan Genès, ingénieur bois, nous a également épaulés sur ce projet. Pour en revenir au plancher collaborant, son principe repose sur un coffrage bois de poutres solidaires, l'isolant acoustique étant intégré côté plafond sous une feuille de bois perforé. Ce principe structurel du « tout en un » est depuis breveté.

C'est une lapalissade de le dire, mais dans un bâtiment, la matière doit se voir. Dès lors qu'il faut cacher le bois par des solutions plâtre pour loger des éléments acoustiques, l'architecte vit une véritable frustration. Cette situation, nous l'avons vécue dans les salles de classe du lycée Corot à Savigny-sur-Orge, mais à cette époque-là, c'est-à-dire au début des années 2000, nous n'avions pas la bonne réponse. En réalité, chacun de nos projets nous fait progresser dans la maîtrise du bois d'œuvre, et cette technique de plancher collaborant confirme, s'il en était besoin, que l'innovation naît toujours de la contrainte. Preuve en est, une fois encore, avec l'acoustique de la grande nef centrale du lycée Nelson Mandela. Comment faire de cette rue intérieure fréquentée par 1 500 élèves un lieu de rencontre à la fois confortable et « bruissant » ?

Afin d'éviter le désagrément esthétique de mousses absorbantes appliquées sur les façades intérieures en bois, les équipes vont réfléchir au moyen d'adapter le principe théorique de piège à sons utilisé à l'INSEP, à savoir un résonateur de Helmholtz[1]. Les premiers essais sont testés sur une planche classique où l'on vient réinterpréter la volumétrie du résonateur dans un accordéon en bois constitué de planches découpées et assemblées avec la juste inclinaison et l'exact espacement, le but étant de standardiser ce système pour amoindrir son coût. La filière sèche conduit souvent à ces petits combats stimulants, et comme nous l'avions promis au maître d'ouvrage, nous y sommes parvenus, de manière à préserver l'élégance des parois en bois de ce passage à double charpente qui signe l'identité de cet établissement scolaire.

1 Piège acoustique destiné à atténuer la résonance de l'air dans un espace, il tire son nom d'un dispositif créé dans les années 1850 par Hermann von Helmholtz afin de déterminer la hauteur des différents tons.

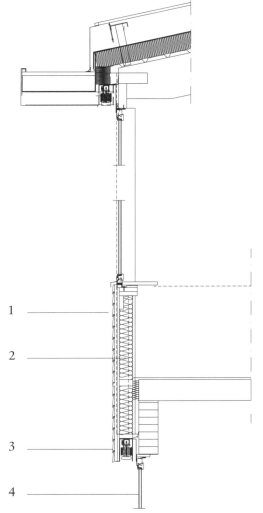

Bardage extérieur en coupe
1 Bardage pin autoclavé marron lasuré noir-vanille
2 Mur à ossature bois
3 Brise soleil extérieur
4 Menuiserie extérieure aluminum

0   10   50

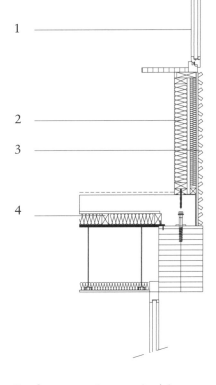

Bardage acoustique rue intérieure en coupe (résonateur de Helmholtz)
1 Menuiserie chêne
2 Mur à ossature bois
3 Bardage acoustique en chêne
4 Plancher mixte bois béton collaborant

0   10   50

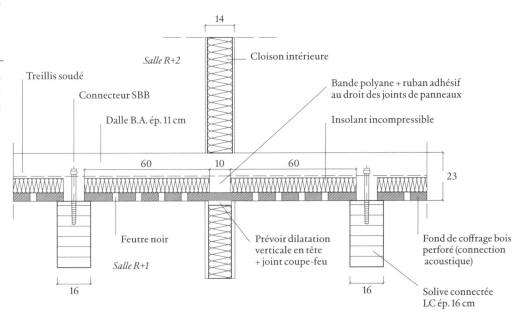

Plancher acoustique en coupe : rendre le bois visible en surface

0   10   50

Lycée Jean-Baptiste Corot   10.2020

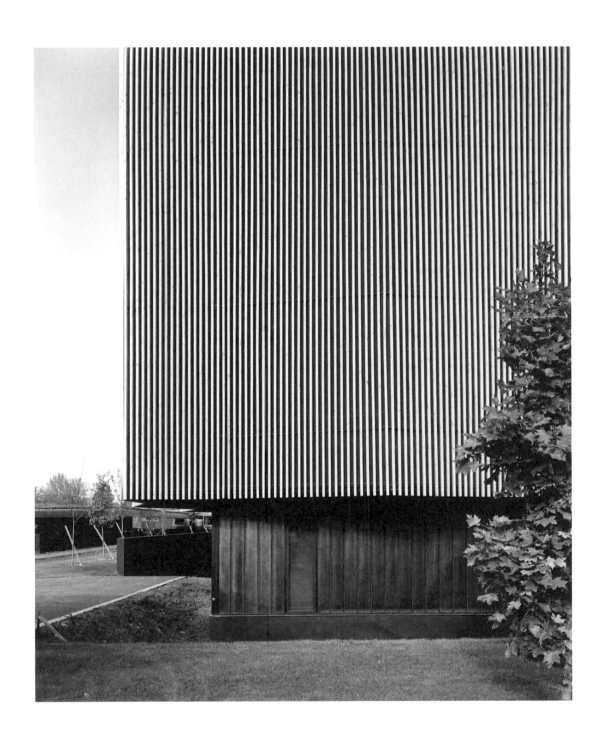

Comme un Meccano

Avant toute chose, un mot sur la sensation assez particulière qu'éprouvent les architectes avec un bâtiment en bois. Son aspect rassurant tient à sa référence aux jeux de Meccano par la lisibilité de son principe structurel. Les éléments préfabriqués livrés sur place sont assemblés à l'aide de grues légères et le montage d'un ouvrage est immédiatement lisible, contrairement à celui d'un chantier humide où l'avancée des travaux n'est appréciable qu'après le décoffrage des parois coulées en béton. En réalité, le rapport émotionnel avec le bois intervient dès la phase d'études car les formes ne sont pas dessinées pour être traduites en bois, mais elles sont conçues élément par élément en fonction du contexte et des contraintes techniques et dans une esthétique conforme aux compétences du bois et à la manière de le mettre en œuvre.

Cette réflexion sur la méthode va concerner chacun des trois projets, à commencer par le lycée Corot à Savigny-sur-Orge. Son programme consiste à restructurer des pôles d'enseignement datant des années 1950 en imaginant leur agrandissement dans une architecture discrète en raison de la qualité environnementale du site, un parc boisé de 17 hectares où coule l'Orge en bordure d'un château. Tenant compte de ce contexte, notre intervention se distingue par trois extensions légères greffées sur l'existant, dont les structures en épicéa sont recouvertes de bardages en mélèze, ce bois étant également posé sur les persiennes des anciens bâtiments en briques et en moellons de manière à affirmer le dialogue entre ces deux partitions. Cette première expérience dans la filière sèche est l'occasion de domestiquer ces grandes feuilles de lamibois qui autorisent une grande liberté d'expression et une approche plus technique des toitures, des façades et des planchers. Ces voiles de bois sont appréciables notamment grâce à leur grande légèreté et au décalage entre leur apparente fragilité et leur résistance mécanique.

Les charpentes à deux pans des nouveaux bâtiments coiffent des fermes classiques triangulées et enchaînées les unes aux autres à l'image des bâtiments agricoles ; nous redécouvrons une méthode constructive qui existe depuis des lustres avec, en prime, la précision numérique du dimensionnement d'études puis la découpe sur le chantier. Cette précision va garantir les bonnes proportions des salles de classe et des circulations centrales par le positionnement des poteaux à l'extérieur afin qu'ils n'occasionnent aucune gêne visuelle. Quant à l'ossature bois, elle est montée à la verticale selon le principe poteaux/poutres, un système qui requiert l'emploi du lamibois, ce matériau ayant l'avantage de ne pas se déformer dans le temps grâce à l'aboutage des pièces de bois mises bout à bout.

Par leur belle facture, les coupes archétypales de ces extensions correspondent à l'écriture de notre projet que nous voulons simple et intemporel. L'autre satisfaction est d'avoir conservé l'apparence du bois des façades derrière lesquelles sont fixés des pare-vapeur, écrans souples permettant de gérer l'humidité dans les constructions. Ces membranes protectrices ont toutes les compétences exigées, mais elles ont été depuis interdites, et à Nantes, dix ans plus tard, il sera impossible d'y avoir recours. Les normes évoluant au fil du temps, le bois de façade a maintenant tendance à être habillé d'un revêtement dur – en métal ou en maçonnerie – afin d'améliorer l'étanchéité à l'air et de se préserver des UV. Comme nous le constaterons, en l'espace de quinze ans, les modes constructifs du bois ne vont cesser de changer et c'est pourquoi, à chaque projet, l'agence s'entoure des meilleurs bureaux d'études techniques bois de manière à suivre scrupuleusement les réglementations en cours. Cependant, les règles établies à Savigny-sur-Orge ne sont pas obsolètes et ces extensions livrées en 2003 ne souffrent d'aucun dommage à ce jour.

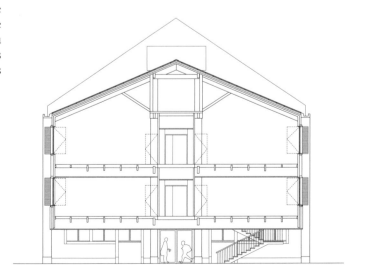

Coupe, Lycée Jean-Baptiste Corot

0   1   10

CLT/lamellé-collé, mode d'emploi

Testées sur les charpentes, les façades et les planchers du lycée Corot, les voiles de lamibois attisent notre curiosité. La construction du gymnase de cet établissement scolaire fait entrevoir à François Leclercq l'opportunité de les utiliser autrement sur ce bâtiment de 80 mètres de long. Par volonté de ne pas répliquer la charpente à deux pans, il est décidé que sa structure sera réalisée par une toiture de type parapluie, le principe constructif évoluera par la suite en conservant les compétences formelles de panneaux déployés en origami : ces compétences sont celles d'une structure en 3D évoquant une réinterprétation des très belles coques en béton. Le but recherché est de confirmer que l'assemblage des feuilles de lamibois peut engendrer des formes atypiques tout en assurant la stabilité et les contreventements de l'ouvrage. Vu de l'intérieur, cet équipement cumule une économie de moyens intéressante : piliers extérieurs en acier, couverture d'un seul tenant, baies en verre et en polycarbonate. L'effet produit est d'ordre spatial et esthétique. Les vestiaires étant aménagés à l'arrière du gymnase, ce grand volume épuré est mis en valeur par cette géométrie qui permet de laisser entrer la lumière par le faîtage du bâtiment. Elle souligne aussi la succession de poutres d'une portée de 27 mètres de large, préfabriquées en atelier et transportées sur le chantier en trois parties avant d'être assemblées sur place.

Inspirés par l'élancement des structures en lamellé-croisé et la performance de ces voiles de bois, nous abordons la construction des quatre gymnases du pôle sportif de l'INSEP avec un nouveau désir d'innovation dans le but d'obtenir des éléments minces et très élancés en nous appuyant sur les compétences du lamellé-collé. La pratique des quatre disciplines sportives – gymnastique, lutte, escrime, taekwondo – exigeant de grandes hauteurs sous plafond, les poteaux moisés des gymnases sont découpés en deux éléments structurels très fins qui s'étirent vers la toiture. Celle-ci est conçue par une trame quadrillée de poutres et d'entretoises qui, en dépit de leur longueur et de leur largeur, semblent ne rien peser. L'usage du lamellé-collé en structure a finalement comblé notre recherche de géométries inhabituelles et nous nous sommes rendu compte qu'en exploitant ce matériau à son maximum nous pouvions faire une économie de matière, car plus une poutre est haute, plus elle est efficace et moins elle consomme de sections.

Détail du plafond, Gymnase INSEP

0   10

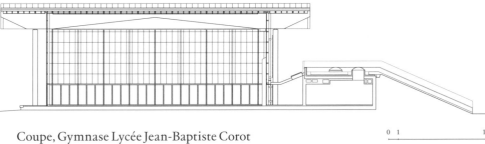

Coupe, Gymnase Lycée Jean-Baptiste Corot

0 1   10

Lycée Jean-Baptiste Corot   10.2020

Lycée Jean-Baptiste Corot   01.2021

Une lente acceptation du bois

En l'espace de quinze ans, l'écoconstruction s'est lentement diffusée dans l'esprit des maîtres d'ouvrage et il est intéressant de noter que chacun de nos projets correspond à des époques d'acceptation du bois assez différentes de leur part. À Savigny-sur-Orge, en 2000, le bois remporte les suffrages de la Région Île-de-France, propriétaire du lycée Corot, parce qu'elle veut un chantier propre, rapide et sans nuisances sur un site occupé. Le bois n'est pas explicitement indiqué dans l'énoncé du concours, mais les équipes de François Leclercq le lui suggérèrent, son cahier des charges cochant toutes les cases de la filière sèche, dans une fusion esthétique avec le paysage boisé du parc du lycée.

En 2005, le bois dans la construction a déjà fait son chemin et l'on s'aperçoit que plus il se démocratise dans l'espace urbain, plus il suscite des doutes chez les commanditaires quant à sa pérennité en façade. Et c'est le cas avec le pôle sportif de l'INSEP qui se situe dans le cadre exceptionnel du bois de Vincennes. Le ministère de la Jeunesse et des Sports et l'AMO mandataire craignent que le bois en toiture ne vieillisse mal et nous leur proposons dans un premier temps son prégrisement, avant d'opter finalement pour un vieillissement naturel et contrôlé grâce à une mise en œuvre raisonnée. Pour autant, le sujet fera l'objet de nombreux débats.

En 2010, à Nantes, la Région des Pays de Loire, maître d'ouvrage du lycée international Nelson Mandela, veut un établissement vertueux et exemplaire, et son mot d'ordre est simple : du bois partout, y compris à l'extérieur et dans sa couleur naturelle ! Dès lors, il est clair qu'il nous faut anticiper cette crainte récurrente du bois qui noircit en vieillissant par des procédés techniques qui garantissent son efficacité sur le temps long.

Le bois un matériau pérenne ?

À Savigny-sur-Orge, la structure des extensions en lamibois reste invisible, elle est protégée par ses bardages en mélèze, une essence non traitée donc sans entretien – ce qui est obligatoire sur les bâtiments publics –, et les façades étant bien ventilées, le bois respire. Il se mouille et sèche uniformément sans rétention d'eau, donc sans moisissures. Mais pour éviter tout problème, là où la structure reste visible dans les préaux construits sur pilotis, des planches à pourrir viennent recouvrir leur sous-face à titre préventif. Cette même protection est installée sur les poteaux en lamellé-collé de manière à évaluer leur éventuelle altération par les intempéries. Vingt ans après, le mélèze s'est doucement patiné, il est plus foncé au point de converger vers les couleurs originelles de la forêt alentour et nos interventions se fondent littéralement dans cet environnement naturel. Les lames horizontales du bardage prennent davantage l'eau de pluie, et cet enseignement restera en mémoire lors de la construction du pôle sportif de l'INSEP, dont l'enveloppe unifie le bâtiment en un plissé de bois ondulant qui fait penser à une nappe que l'on aurait posée délicatement sur l'édifice.

Cinq ans plus tard, nous cherchons effectivement le moyen de résoudre le problème de la pérennité de la toiture du pôle sportif de l'INSEP. L'ingénieur bois Dominique Calvi trouve la solution en nous conseillant d'opter pour du pin Douglas, une essence qui grise naturellement au fil des saisons. Et, cette fois, les lattes à claire-voie sont fixées à la verticale en prenant soin de les orienter différemment au moyen de crémaillères métalliques. L'ondulation dessinée et maîtrisée est une réponse à un vieillissement lié aux orientations. Tout se joue au millimètre, mais ce genre de détail procure à présent un relief grisonnant perceptible : c'est à ce moment-là que l'on fait de l'architecture. Ainsi, nous avons levé les doutes du maître d'ouvrage en faisant la démonstration que le bois sait vieillir sans qu'il soit utile de le dénaturer par un quelconque traitement et le résultat est aujourd'hui conforme à nos attentes.

À Nantes, déjà rodés aux questionnements sur le bois en façade, nous sommes en quête d'une essence efficiente et l'idée de se rapprocher de la filière régionale trotte toujours dans nos esprits. Proposition est faite au maître d'ouvrage d'employer des planches de bois de tempête, un matériau issu des forêts landaises impropre à la construction, mais que l'on va anoblir pour le rendre éligible à la filière bâtiment en le recouvrant d'une lasure noire. Levée de boucliers ! Le maître d'ouvrage veut une façade de la couleur du bois naturel et nous souhaitons faire référence aux salorges, ces bâtiments en bois peints en noir dans lesquels on entreposait le sel au bord des marais salants, mémoire du pays nantais. Notre réponse est à la fois patrimoniale et technique au travers du bois brûlé selon la technique japonaise du *yakisugi* qui rend le bois plus résistant au feu, mais nous essuyons un refus catégorique. Il est à noter au passage que l'emploi du bois brûlé interdit en 2014 est maintenant autorisé, comme quoi les techniques constructives du bois ne cessent d'évoluer et nous étions trop en avance ! À présent, le bien-fondé de cette façade ne souffre plus aucune critique, la lasure a fait son office, elle est encore plus foncée et mate de sorte qu'elle accentue la couleur de la charpente et de la nef centrale de la halle, toutes deux habillées d'épicéa. Le contraste recherché est en cela parfaitement réussi, car le bois intérieur ne grise pas, mais blondit au fil du temps.

Lycée Jean-Baptiste Corot   10.2020

Le bois dont on fait les villes

Dans ces trois cas de figure, la partition en bois non seulement incarne une attention au site, mais elle prouve qu'il est possible de retrouver les mêmes codes de modénature, d'usage et de bien-être que dans les bâtiments en pierre, en briques ou en béton, avec un matériau qui respecte davantage l'environnement. Notre rôle de maître d'œuvre est d'enrichir le panorama urbain sans jamais refaire le même projet et l'on ne peut ignorer les conséquences formelles qu'engendre le bois standard usiné au risque de produire des bâtiments uniformes. La crainte serait de voir l'architecture bois s'internationaliser en prenant exemple sur le modèle canadien, ce qui reviendrait *in fine* à compromettre les expressions créatives que suscite ce matériau chez les maîtres d'œuvre soucieux de mises en œuvre audacieuses.

Le CLT est pour le moment un produit incontournable dans la construction bois de grande envergure et l'agence l'expérimente une fois encore sur son prochain projet, l'éco-campus Arboretum à Nanterre. Ce nouveau concept de pôle tertiaire écologique est l'occasion d'explorer ce matériau de manière tout à fait innovante et inédite afin qu'il entre dans la troisième génération des ouvrages en bois. Après avoir initié le bois d'œuvre dans les grands ouvrages il y a maintenant vingt ans, l'agence Leclercq Associés réfléchit à cette prochaine étape – et c'est l'objet de ce livre – qui va être l'occasion d'analyser le devenir de la solution bois. Cela implique de professionnaliser davantage l'industrie française qui possède des savoir-faire historiques, ceux-là mêmes qui pourraient redynamiser l'économie de la filière bois sur nos territoires.

1   Les forêts françaises vont très bien   Andrée Corvol   98

2   La forêt française doit se réformer   Pascal Grosjean   105

3   Le capital vert du Grand Paris   Benjamin Kieffer   107

4   Quel avenir pour la gestion des forêts en France ?   112

5   La genèse d'une vague verte   116

La filière bois d'amont en aval

6   Le bois d'œuvre : un produit technologique   117

7   Filière bois : qui fait quoi ?   118

8   Laboratoire de recherche et développement de la filière bois   122

    La France rattrape son retard industriel   Patrick Molinié   127

9   Les défis iconiques du bois   Christophe Catsaros   140

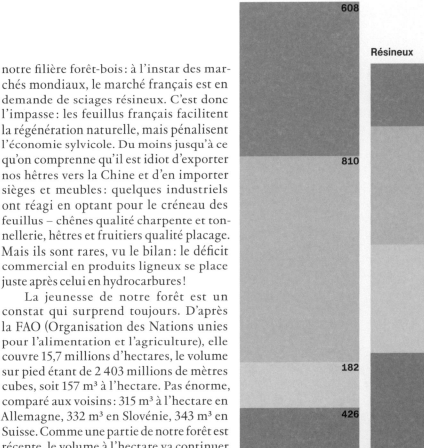

1. Chiffre d'affaire des entreprises de sciage
par région (en M€)

● Grand Nord-Ouest
○ Grand Est/BFC
○ Aura/Paca
● Grand Sud-Ouest

Historienne, directrice de recherche au CNRS, présidente d'honneur du Groupe d'histoire des forêts françaises (GHFF) et membre de l'Académie d'agriculture, Andrée Corvol[1] est la spécialiste de l'arbre en France. Diplômée d'un doctorat d'État consacré à l'évolution de la sylviculture sur trois siècles, elle rappelle au cours de cet entretien que nos forêts privées et publiques restent à dominante feuillue et que les industriels devraient plus en tirer parti : « N'hésitons pas à construire en bois, le CO_2 reste piégé dans la charpente, c'est le meilleur des puits de carbone ! »

L'Europe est affectée par le réchauffement climatique. Fait-il reculer ses forêts ?

Andrée Corvol
Si l'on considère leur dynamique, les forêts européennes vont très bien. La superficie forestière de la France a considérablement augmenté : plus 40 % entre 1950 et 2000, plus 10 % sur les vingt dernières années. À ce jour, 30 % de notre territoire est boisé, soit 16,9 millions d'hectares, dont 1,2 million d'hectares hors forêt. Si l'on considère leur composition, les forêts de nos voisins européens vont très bien, elles aussi. Les couverts boisés de la France sont plus riches que jamais car, depuis les Trente Glorieuses, nous prélevons moins que la croissance annuelle. Cette capitalisation est incontestable : 25 millions de mètres cubes par an. Tout comme chez nos voisins également. La biomasse progresse donc fortement : en 1913, 23 millions de mètres cubes par an ; en 2010, 100 millions de mètres cubes par an ! La production biologique n'est récoltée qu'à 25 %, un chiffre constant ces dernières décennies. Sa part en gros-bois l'est davantage : 60 % en 1980, 75 % en 2010 dans les Vosges et le Jura, 80 à 90 % dans les Landes. Ainsi, grosso modo et sauf dans trois régions, notre forêt demeure sous-exploitée.

Au-delà de ces ressemblances, qu'est-ce qui distingue la forêt française des autres forêts européennes ?

Je vois trois différences. La forêt française comprend deux tiers (64 %) de feuillus pour un tiers de résineux. C'est le fruit de son histoire. La France a utilisé le combustible végétal plus longtemps que la Belgique, les Pays-Bas, l'Allemagne ou l'Angleterre. Bien dotés en combustibles fossiles, ces États ont très tôt converti leurs taillis feuillus en futaies résineuses au début du XIXᵉ siècle. Ils en tiraient bois de construction et bois d'industrie, bois de trituration également, pâtes et panneaux. La spécificité hexagonale handicape notre filière forêt-bois : à l'instar des marchés mondiaux, le marché français est en demande de sciages résineux. C'est donc l'impasse : les feuillus français facilitent la régénération naturelle, mais pénalisent l'économie sylvicole. Du moins jusqu'à ce qu'on comprenne qu'il est idiot d'exporter nos hêtres vers la Chine et d'en importer sièges et meubles : quelques industriels ont réagi en optant pour le créneau des feuillus – chênes qualité charpente et tonnellerie, hêtres et fruitiers qualité placage. Mais ils sont rares, vu le bilan : le déficit commercial en produits ligneux se place juste après celui en hydrocarbures !

La jeunesse de notre forêt est un constat qui surprend toujours. D'après la FAO (Organisation des Nations unies pour l'alimentation et l'agriculture), elle couvre 15,7 millions d'hectares, le volume sur pied étant de 2 403 millions de mètres cubes, soit 157 m³ à l'hectare. Pas énorme, comparé aux voisins : 315 m³ à l'hectare en Allemagne, 332 m³ en Slovénie, 343 m³ en Suisse. Comme une partie de notre forêt est récente, le volume à l'hectare va continuer à croître. Pour l'heure, 1,7 million d'hectares résultent des plantations effectuées grâce au Fonds forestier national (FFN) créé en 1946. À ces boisements « productifs », bien qu'ils aient souvent déçu, il faut ajouter les boisements « sauvages ». En surface, les « envahisseurs » comptent plus que les « volontaires » ; ils tiennent à l'abandon de parcelles cultivées : trop pentues pour la mécanisation ; trop éloignées des habitations ; trop peu productives pour l'effort fourni, etc. Au lendemain du second conflit mondial, la déprise rurale est apparue. Les années 1970 enregistrent son accélération. Et comme la nature à horreur du vide, l'arbre envahit la friche, effaçant la limite des parcelles et des dessertes.

La forêt est privée pour les trois quarts de sa superficie, 12 millions d'hectares. Les propriétaires, paysans bientôt retraités ou héritiers plus ou moins éloignés, ont rentabilisé les étendues délaissées en les boisant. Beaucoup ont utilisé les prêts et les aides du FFN, plants et graines, avec l'appui des chambres d'agriculture, puis, à partir des années 1960, avec celui des antennes locales de l'Institut du développement forestier (IDF).

Qui sont les propriétaires privés ?

Aujourd'hui encore, ils ne sont pas tous agriculteurs ou fils d'agriculteurs. Les forêts privées ont toujours existé. Celles des nobles bien sûr, ou des bourgeois, mais aussi celles des marchands et pas seulement des négociants en bois. Celles des artisans et des laboureurs, soit parce que, cerliers, charrons, feuillardiers ou tonneliers, ils souhaitaient disposer de matière première ; soit parce que, prévoyants, ils souhaitaient disposer de bois de feu. Tout un chacun constatait la hausse des prix, plus marquée d'ailleurs pour le bois de construction que pour le bois de chauffage. À la veille de la Grande Guerre, la forêt était déjà privée pour plus de la moitié de sa superficie, 6,2 millions d'hectares au moins. Pourquoi notre forêt relève-t-elle moins du public, État, région, collectivité, entreprise, qu'ailleurs ? Parce que nos aïeux ont saisi l'opportunité que représentait la privatisation de forêts domaniales et communales, destinée à renflouer les caisses vides ! Un siècle d'aliénations de 1792 à 1852, ça aide !

Mais les possédants forestiers, dont certains ont hérité de boisements sans rien connaître des lisières, des essences ou des régimes, ont quitté leur prime jeunesse. On en dénombre 3 millions, un record dans l'Union européenne. Beaucoup sont retraités, chasseurs ou pas. Ils représentaient 44 % des propriétaires sylviculteurs en 1970, 54 % en 2000, près de 60 % en 2020. L'âge moyen est de 67 ans. La plupart

2. Valeur ajoutée des entreprises de sciage par région (en M€)

3. Effectifs des entreprises de sciage par région

4. Nombre de scieries par région

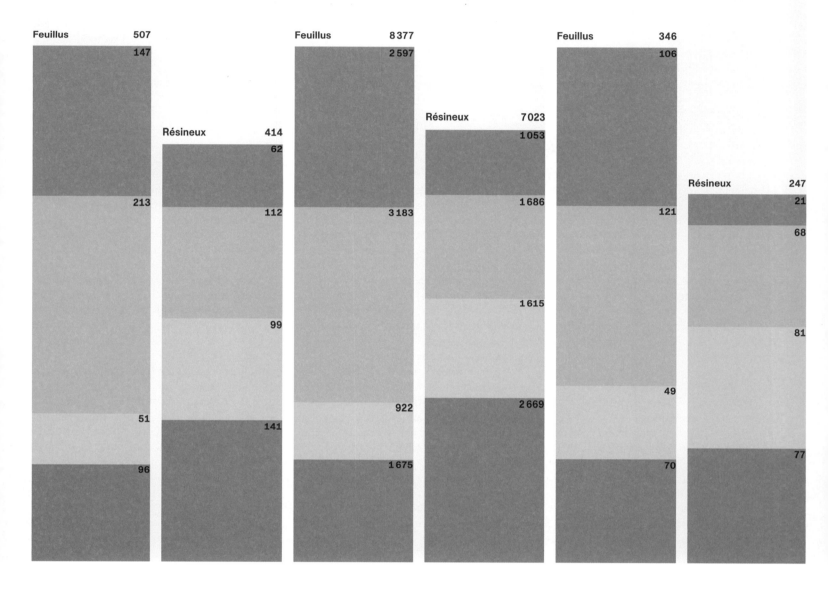

Feuillus 507
147
213
51
96

Résineux 414
62
112
99
141

Feuillus 8 377
2 597
3 183
922
1 675

Résineux 7 023
1 053
1 686
1 615
2 669

Feuillus 346
106
121
49
70

Résineux 247
21
68
81
77

Taux de boisement des pays de l'Union européenne et des régions de la France métropolitaine

 Plus de 45 %
35 à 45 %
25 à 35 %
15 à 25 %
Moins de 15 %

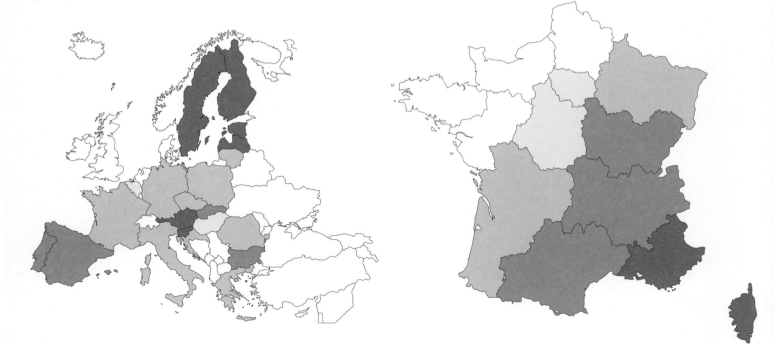

ne résident ni dans la commune ni dans le département de « leur » forêt de quelques hectares, voire quelques ares. La distance n'incite pas à investir, surtout quand ce patrimoine est minuscule, la superficie étant morcelée en parcelles éparses. Ceux qui possèdent moins d'un hectare, émietté quelquefois, détiennent 7 % de la superficie forestière privée. Ce n'est pas négligeable. Et si le terrain est petit mais bien situé, il peut valoir cher.

Qui reprendra ce patrimoine ?

Il y a trois possibilités. La première, un petit-fils qui adorait son grand-père : de sensibilité écologiste comme beaucoup de jeunes, il reprend le flambeau, mais laisse faire la nature – aucune plantation de résineux, sujet tabou ! Il attend tout de la régénération naturelle, même si « ses » feuillus ne trouvent pas preneur.

La deuxième, un quadra ou un quinqua avisé, cadre supérieur qui essaye de diversifier et de défiscaliser ses avoirs. Il pressent que l'accroissement de la population et la décarbonisation des économies rendront le placement intéressant car nécessaire. Sans compter que les métropoles rétribueront un jour ou l'autre la contribution environnementale : maintenir les sources, retenir les pollutions, rafraîchir l'atmosphère… Le plus souvent, ce propriétaire a les moyens de confier sa forêt à un expert et le loisir de suivre l'initiation sylvicole que dispensent les Fogefor. Évidemment, il possède un domaine de superficie convenable, bien desservi et bien constitué. Et son domaine lui revient moins cher à l'achat comparé à la Belgique, aux Pays-Bas, à l'Angleterre ou à l'Allemagne, États densément peuplés, où le prix de l'hectare est plus élevé.

Et enfin la troisième, un retraité qui a réussi dans la vie : disposant d'une épargne, il retourne au pays, celui de son enfance ou de ses vacances ; il entretient d'excellents rapports avec le notaire du coin ; informé, il est à l'affût des parcelles voisines, pas forcément jointives, mais suffisamment proches pour obtenir un domaine cohérent, au moyen parfois d'échanges, soulte à la clé. Un bon placement suppose de réunir une certaine surface : quinze cousins se partageant un timbre-poste, vous n'en tirez rien. En revanche, des parcelles regroupées, voilà du remembrement informel, mais efficient. Mais il n'y a que 25 % des propriétaires particuliers qui possèdent plus de 100 hectares. La « grande » propriété n'est donc pas si grande que cela. Néanmoins, avec 50 à 70 hectares, on a de quoi faire en priant le ciel pour ne jamais connaître l'incendie ni la tempête !

La forêt n'est-elle plus un placement de père de famille ?

Si, elle l'est toujours, surtout comparée aux livrets des caisses d'épargne, aux obligations et aux assurances-vie ! Avec le bois, on peut espérer une rentabilité de 2 à 4 % si le bien est à dominante résineuse, de 1,5 à 2,5 % s'il est à dominante feuillue, à condition, bien sûr, qu'il soit correctement géré. Environ 35 % de ces propriétés le sont par des experts forestiers ou par du personnel Fogefor. 70 % des propriétaires particuliers ayant plus de 10 hectares sont membres d'une coopérative forestière qui prend en charge l'exploitation et la commercialisation des bois. En tout cas, c'est un placement difficilement assurable car la récolte intervient tardivement, au bout de 40 ans pour le pin, 50 ans pour le Douglas, 80 ans pour le hêtre, 100 à 150 ans pour le chêne. Or, sur la longue durée, il s'en passe, des choses !

Longtemps, l'incendie a été LA menace, mais le risque était restreint aux forêts méridionales : la Corse est boisée à 58 %, le Sud-Est et le Languedoc à 48 %, le Sud-Ouest à 43 % contre 15 à 25 % dans le Nord-Ouest. Dans les Landes de Gascogne, terrain sableux, dur et brûlant en été, mou et spongieux en hiver, les pâquis ont disparu, laissant place à une mer de pins de 900 000 hectares. Les pineraies étaient d'or grâce à la matière que collectaient les résiniers, ressource vitale pour la chimie. Las ! Avec le réchauffement climatique, les sécheresses deviennent régulières dans le centre et l'est de la France, d'où l'extension de l'assurance du risque incendie. Plus grave, la fréquence des tornades et des tempêtes depuis les années 1970 succède à l'accalmie de la première moitié du XXe siècle, mis à part le désastre aquitain de 1915. Or une tempête signifie destruction de capital, de revenu et de garantie, outre les problèmes inhérents au déblayage des routes, à l'enlèvement des arbres, au débardage des chablis, au stockage de ce qui est récupérable et, surtout, à la reconstitution des peuplements. D'où l'intérêt d'une assurance qui dédommage le propriétaire frappé par l'un de ces fléaux. En France, très peu ont un tel contrat, même ceux dont le domaine est important. En fait, cela intéresse les propriétaires qui commercialisent leur récolte, soit 10 % d'entre eux. Dans les Landes, le syndicat des propriétaires forestiers sylviculteurs, pionnier en matière de contrat incendie, essaie de le coupler avec un contrat tempête lorsque le peuplement entre dans la période critique : trop jeune pour être coupé, trop âgé pour ne rien valoir.

La forêt d'autrefois avait une importance économique irremplaçable. Est-ce différent aujourd'hui ?

Je n'ai pas l'habitude de féliciter un politique, mais le discours, en 2020, du nouveau ministre de l'Agriculture, Julien Denormandie, m'a réjouie. Enfin, quelqu'un ose dire que couper des arbres n'est pas péché mortel : l'abattage répond aux besoins des industries ligneuses car mieux vaut des emplois sur place qu'à l'extérieur des frontières, et à ceux de l'écologie contemporaine, car un arbre jeune recycle davantage de CO_2 via la photosynthèse qu'un arbre âgé. Trop souvent, les gouvernements oublient la forêt. Vous remarquerez qu'il fut un temps, éphémère certes, où le ministère était nommé « Agriculture et Forêt ». Pour une fois qu'un ministre déclare que l'exploiter, c'est bon pour l'économie et pour l'environnement, on ne va pas pleurer, non ? Maintenant, attendons la suite…

Vous parlez d'un avenir industriel. Dans quel secteur ?

Tous ! Actuellement, beaucoup de scieries, familiales, sans accès au crédit, mal équipées et mal desservies, ont disparu. Ces faillites et ces cessations dissimulent un autre mouvement : la concentration inséparable de la spécialisation et de l'automatisation. C'est un secteur puissamment capitalistique. Leurs propriétaires avaient l'avantage de connaître la ressource locale et ses producteurs. La nouvelle scierie, informatisée et robotisée, doit traiter des volumes énormes pour rentabiliser ses investissements. Elle élargit donc son périmètre d'approvisionnement, ce qui n'est pas sans conséquences pour le réseau routier et le quotidien des riverains qui assistent aux navettes des camions grumiers. La délimitation de ce périmètre est capitale : loin de la scierie, les bois valent moins – le coût du transport grève le prix d'achat ; trop loin de la scierie, ils ne valent plus rien – le coût du transport devient prohibitif. En ce cas, le propriétaire constate l'absence de négoce : personne ne vient évaluer « ses » arbres sur pied ou « son » bois bord de route ; personne ne fait la moindre offre. Les arbres vieillissent. Les grumes pourrissent, rendant certaine l'invasion d'insectes et de champignons xylophages. Est-ce que c'est triste ? Oui, à mes yeux. Mais certains diront que ces vieux arbres font partie du paysage et que cette biomasse enrichit le sol. Il faudrait trouver une voie médiane. Le paradoxe, c'est que plus d'un détenteur de forêt n'estime pas utile de la chercher.

Comment expliquer cette conduite inimaginable au siècle dernier ?

Il semblerait logique d'avoir des propriétaires heureux d'une implantation industrielle, que le groupe soit français, scandinave ou germanique. Mais l'accueil manque souvent de chaleur. Une montagne de tracasseries administratives décourage bientôt l'intrus qui croyait être reçu à bras ouverts. On comprend la réaction des industriels : ils craignent que la concurrence n'occasionne une hausse des prix ou, pire encore, une pénurie de matériau. L'argument remonte aux XVIIIe et XIXe siècles et permettait d'empêcher l'établissement ou l'agrandissement de « bouches à feu », fonderies, hauts-fourneaux, verreries, tuileries, etc.

On comprend moins la réaction des producteurs. En fait, ils se sentent moins « producteurs » que « possédants », ce qui implique un statut social et, au-delà, un attachement au patrimoine, au paysage, au pays. L'idée d'accroître leur capital, par des investissements sylvicoles, et leur revenu, par des participations industrielles, leur est étrangère. Pourquoi ? Parce qu'ils ne vivent pas de leur forêt, mais de leur emploi dans les fonctions tertiaires ou publiques. Ils réagissent donc en citadins-sans-forêt, sensibles aux nuisances associées aux transports ligneux ou aux rejets tanniques. Cela dit, les générations se suivent et ne se ressemblent pas. Il est tout à fait possible que la progression des prix sous l'effet de la demande mondiale change la donne. Reste à savoir si les sylviculteurs français en bénéficieront. Pas sûr. Trop de contraintes ! Trop de règlements ! Un fait significatif : les industriels vont prospecter les ressources de la Pologne, de la Slovaquie et de la Tchéquie….

L'ONF gère les forêts. Le secteur privé est-il concerné ?

Surface forestière selon l'âge de l'essence du peuplement dominant (en hectares)

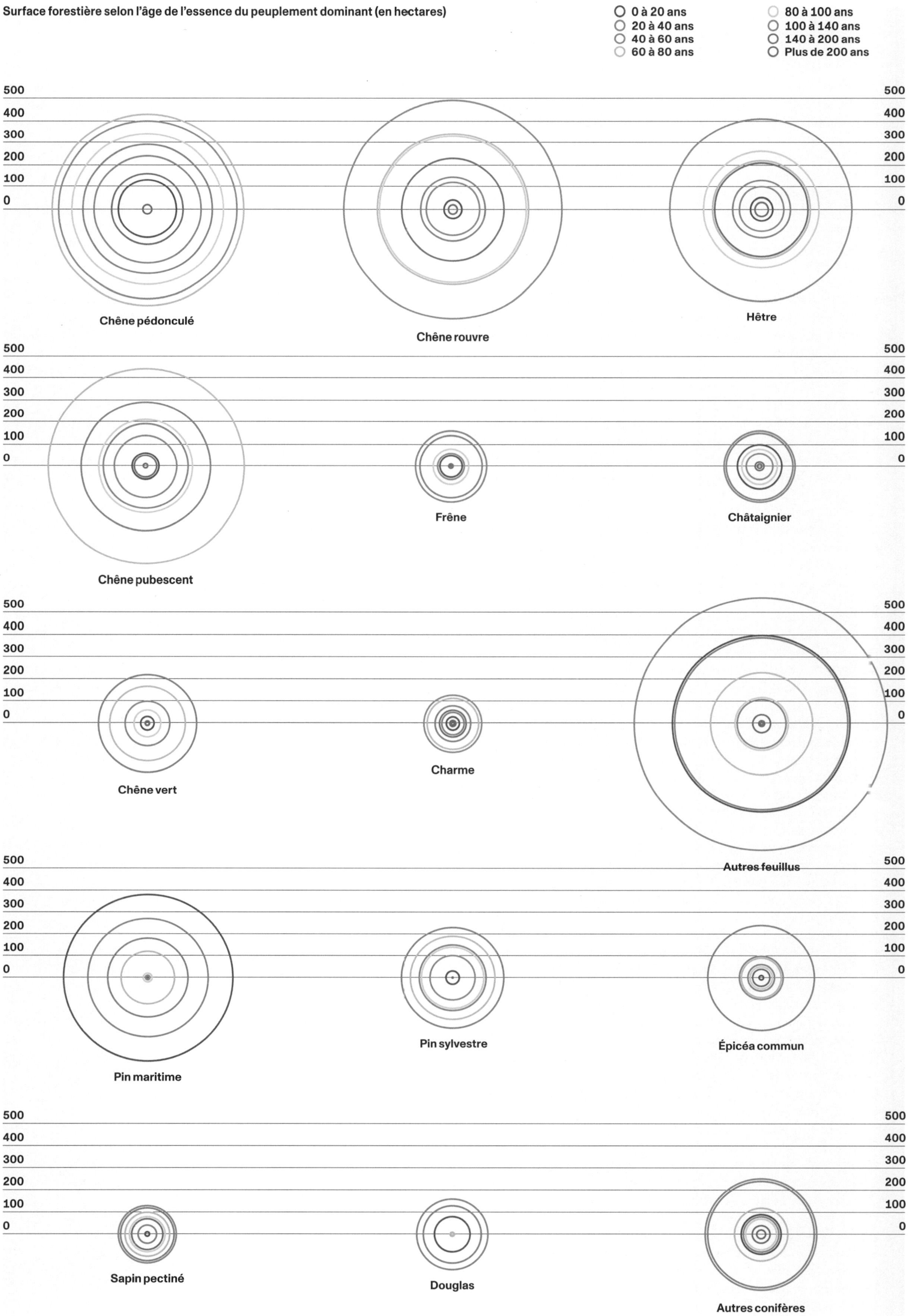
0 à 20 ans
20 à 40 ans
40 à 60 ans
60 à 80 ans
80 à 100 ans
100 à 140 ans
140 à 200 ans
Plus de 200 ans
500
400
300
200
100
0
Chêne pédonculé
Chêne rouvre
Hêtre
Chêne pubescent
Frêne
Châtaignier
Chêne vert
Charme
Autres feuillus
Pin maritime
Pin sylvestre
Épicéa commun
Sapin pectiné
Douglas
Autres conifères

L'ONF ne gère pas les forêts privées. Il gère directement les forêts domaniales, qui sont au nombre de 1 300 pour une surface de 1,8 million d'hectares, et, indirectement, il est prestataire des forêts territoriales. C'est-à-dire que l'établissement respecte les desiderata départementaux ou municipaux. Lorsque les responsables privilégient l'accueil du public, il ne propose pas d'accroître les revenus communaux en prélevant davantage de bois : il limite les coupes à la régénération. Dans les communes fortement urbanisées, les édiles préfèrent la forêt « espace de nature ».

Est-ce uniquement le choix des édiles ?

Cette tendance reflète l'époque : autrefois, les élites intellectuelles dénonçaient l'approche « matérialiste » des forêts ; aujourd'hui, tout le monde ou presque la refuse, d'autant que beaucoup de gens confondent le « déboisement », éradication du couvert, et l'« exploitation », récolte du peuplement. Cette tendance affecte aussi jusqu'aux forêts de montagne. Pourtant, elles ont été créées pour retenir le sol, écrêter les crues, canaliser les avalanches. Cette politique remonte au Second Empire. Elle a pris corps au dernier quart du XIXᵉ siècle et s'est poursuivie pendant l'entre-deux-guerres. Elle a fait naître un nouveau paysage : le « versant verdi », dirais-je. Ces forêts de « protection » étaient également des forêts de « production » : exploitées par pieds d'arbres pour ne jamais dénuder le terrain, elles rapportaient assez pour permettre aux communes d'alléger ou de supprimer les impôts locaux. Mais ces forêts ont vieilli. Pour maintenir leurs fonctions, il faudrait les rajeunir, donc les exploiter. Sauf que la voirie manque, tout comme les scieries pour traiter les grumes, et que certains maires diffèrent les coupes, sensibles à l'opinion des électeurs. On est là dans la forêt « décor ». Celle des sentiers de randonnée et des stations de montagne. Et puis, les modifications climatiques dopent la croissance des arbres. En admettant la survie des scieries locales, elles ne pourraient pas traiter des grumes aussi grosses que les colosses tropicaux débités, eux, dans les complexes portuaires, à Nantes notamment.

Quelle est la vocation de l'ONF ?

Fondé en 1963, l'ONF a une vocation industrielle et commerciale. Gérant le secteur domanial conformément au Code forestier, cet établissement a pour mission d'éduquer les peuplements, de les exploiter et de les écouler. 40 % des bois forts le sont par son intermédiaire, alors qu'il ne contrôle que 26 % de la superficie forestière nationale. C'est donc un acteur majeur, une référence quand la forêt est en cause !

Pour simplifier, mais je frôle la caricature, le particulier a enrésiné sa forêt pour récolter le peuplement au bout d'une ou de deux générations : il livre donc du bois d'industrie, poteaux de mine ou d'électricité et de trituration, le capital étant immobilisé sur 30 à 50 ans, voire moins s'il produit pour le secteur énergie. L'ONF, héritier de l'administration royale des Eaux et Forêts, éduque des chênaies et des hêtraies, taillis sous futaie, futaie jardinée ou futaie régulière, sur 100 à 200 ans, voire davantage pour des forêts d'exception,

véritables monuments historiques comme Bercé ou Tronçais. C'était le cas autrefois pour les dynasties royales ou princières : le rendement du capital importait moins que la survie du patrimoine.

Pourquoi dit-on que l'ONF est en crise ?

Je connais cet organisme pour y avoir siégé. Dans un pays comme la France, vous êtes toujours pour ou contre une institution ou un mouvement. Ici, c'est secteur privé contre secteur public. À mon sens, cette animosité tient au fait que les propriétaires sylviculteurs, qui sont aussi des contribuables, pensent que l'ONF fait de la sylviculture « Hermès », c'est-à-dire onéreuse. Si on compare le personnel forestier de part et d'autre du Rhin, les différences sautent aux yeux. Idem concernant le management ou le produit des coupes. Peut-être est-on trop exigeant ou impatient ? Cela finit par nous plomber. Certes, l'ONF est régulièrement déficitaire. Mais n'était-ce pas le cas hier des Charbonnages de France, aujourd'hui de la SNCF et autrefois des manufactures créées par Colbert ? L'État français a toujours voulu tout faire et très bien. Cela n'a pas toujours été probant.

Il faut reconnaître qu'à partir des années 1960 on a chargé la barque autant du secteur privé que du secteur public sur la question des forêts ! Ainsi, les autorités de tutelle ont imposé à l'ONF la protection des espèces, la défense des habitats, l'accueil du public, ce qui implique aménagement et information, le respect du paysage, ce qui interdit les grandes coupes rases et oblige à dissimuler l'exploitation derrière un rideau d'arbres, et comme l'ONF est prié en outre de réduire sa masse salariale, les tensions deviennent inévitables, aussi bien entre le personnel et la direction qu'entre l'établissement et la population !

Produire du bois en France est-il rentable, du bois d'œuvre notamment ?

En France, nous en manquons, ou croyons en manquer : il est cher, trop cher pour le secteur de la transformation qui recourt si besoin aux importations, et pas assez cher pour les propriétaires sylviculteurs car les frais d'exploitation sont lourds…

Naguère, nous étions capables d'employer les feuillus, notamment les grumes courtes et fortes qui servaient dans la construction des maisons à colombages. Au milieu du XIXᵉ siècle, on utilisait encore des bois régionaux. Aujourd'hui, le chargement des grumes en conteneur allège la facture du transport, surtout du transport maritime : elles peuvent donc traverser les océans. En outre, les méthodes d'usinage obligent à « normer » les grumes – comme tout matériau de construction. Il y a un cahier de charges. Et l'architecte engage sa responsabilité là-dessus. La France a pris beaucoup de retard sur le sujet et, voulant le rattraper, en a trop fait, d'où la prolifération de directives kafkaïennes ! À mon sens, tout cela est passager.

Le regard change-t-il sur l'usage du bois ?

Voilà vingt ou trente ans, il était de bon ton de prétendre ménager les forêts en remplaçant le bois par du PVC, du verre, du plastique ou de la résine, etc. On n'en est plus du tout là, le balancier est reparti dans l'autre sens avec une rapidité confondante. L'idée que le bois est essentiel, parce que

renouvelable, est entrée dans les esprits. Reste à passer du concept à la réalité.

Peu à peu, les étudiants en architecture mesurent les avantages du bois. Longtemps, ils l'ont regardé comme un matériau passéiste, réservé aux intérieurs de prestige ou, à l'opposé, aux logements de fortune. À présent, ses qualités sont reconnues : analogues ou supérieures à celles de l'acier, du béton ou de la brique, elles permettent de les y associer et de modifier aisément la structure de l'ouvrage. Et puis, quand il brûle, le bois conserve ses dimensions : il évite l'écroulement de l'édifice. De plus, pendant qu'il est intact, le CO_2 reste piégé dans sa charpente, ses huisseries, son mobilier. C'est ça, le meilleur des « puits de carbone » ! La forêt française absorbe près de 20 % de nos émissions à effet de serre.

Moralité : n'hésitons pas à l'exploiter afin que le recru recycle le CO_2 et n'hésitons pas à construire « bois » afin que ce CO_2 ne reparte pas dans la… nature. Laquelle, quoi qu'il arrive, saura continuer à le recycler. Elle fait bien les choses !

1 Andrée Corvol a notamment publié *L'Arbre en Occident* (Fayard, 2009).

Production, mortalité et prélèvement annuel à l'hectare par région administrative sur la période 2007-2015 (en m³ par hectare par an)

- Production
- Mortalité
- Prélèvement

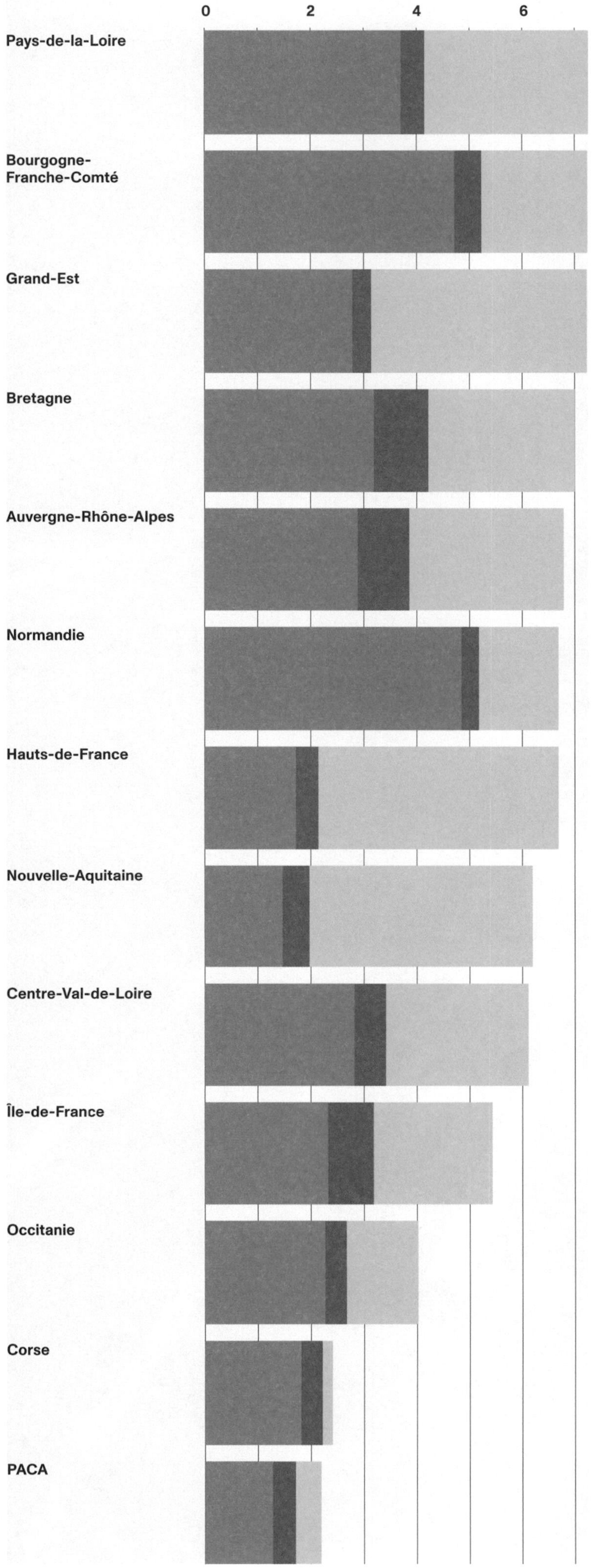

0
2
4
6
Pays-de-la-Loire
Bourgogne-Franche-Comté
Grand-Est
Bretagne
Auvergne-Rhône-Alpes
Normandie
Hauts-de-France
Nouvelle-Aquitaine
Centre-Val-de-Loire
Île-de-France
Occitanie
Corse
PACA

Surface forestière par classe de propriété et région administrative (en million d'hectares)

- Forêts domaniales
- Autres forêts publiques
- Forêts privées

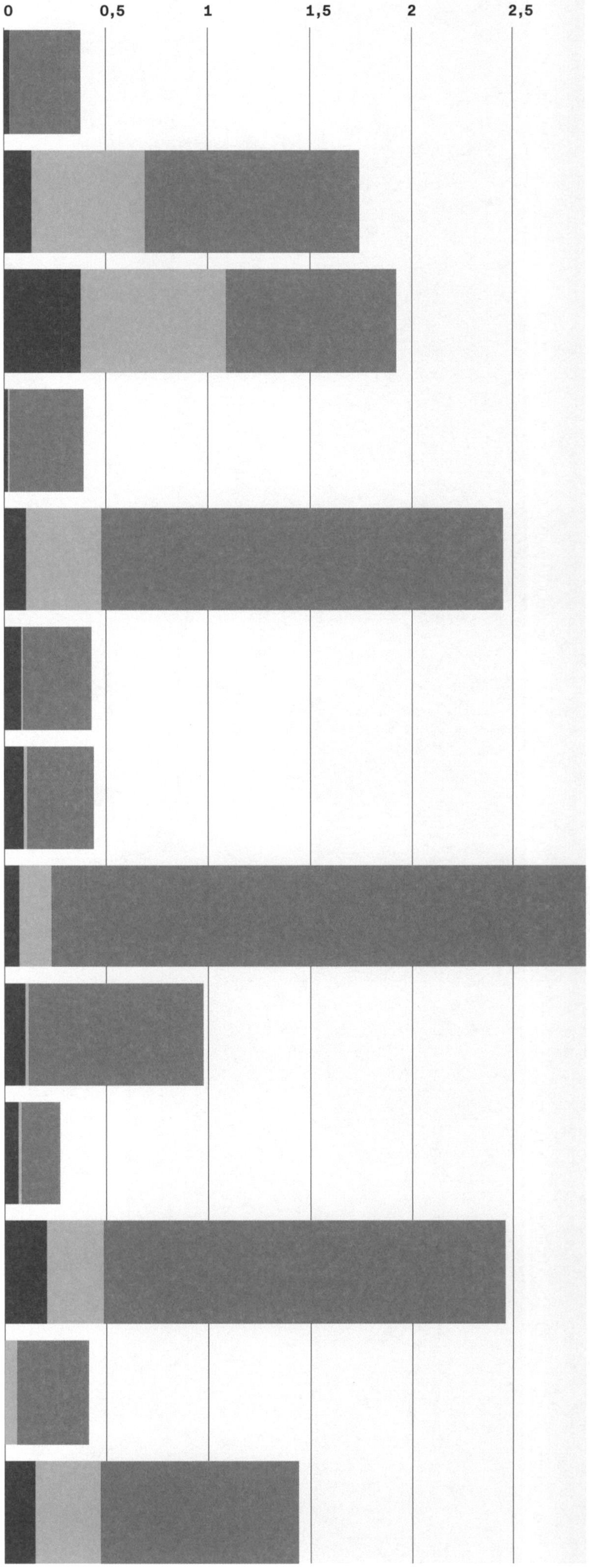

0
0,5
1
1,5
2
2,5

Expert national dans le domaine «transition agroécologique et performance économique», en poste à la direction régionale de l'alimentation, de l'agriculture et de la forêt Auvergne-Rhône-Alpes, Pascal Grosjean est aujourd'hui chargé de mission auprès du ministère de l'Agriculture et de l'Alimentation. Durant sa longue carrière d'ingénieur de l'agriculture et de l'environnement – forestier de l'État à l'origine –, il a exercé à l'Office national des forêts de 2012 à 2017 et il connaît bien les rouages de cet établissement public aujourd'hui en crise. Selon lui, il conviendrait de revoir son organisation pour accroître ses performances.

L'ONF est-il un héritier des Eaux et Forêts?

Pascal Grosjean

L'Office national des forêts n'est qu'en partie l'héritier de l'administration des Eaux et Forêts. S'il reste encore des forestiers de l'État, même s'ils sont peu nombreux, il faut revenir sur ce poncif en nous penchant sur l'Histoire. En France, l'administration des Eaux et Forêts trouve son origine dans une ordonnance de Philippe le Bel, datée d'août 1291, puis, en 1669, Colbert fait rendre par le roi l'ordonnance «Sur le fait des Eaux et Forêts» dotant l'administration d'une véritable charte. Pour l'anecdote, Jean de La Fontaine fut maître particulier des Eaux et Forêts de Château-Thierry. Le chef de l'administration forestière était le ministre des Finances, comme le montre encore aujourd'hui la vareuse «vert finances» ornée du cor de chasse jonquille et le pantalon gris bleuté à bande large des forestiers de l'État, officiers des Eaux et Forêts.

En 1961, Edgar Pisani, ministre de l'Agriculture sous la présidence du général de Gaulle, a souhaité faire une grande réforme de la forêt française afin de dépoussiérer cette vieille institution qui n'était plus vraiment en phase avec son époque. À l'origine de l'atomisation des Eaux et Forêts, c'est lui qui a inspiré la loi du 23 décembre 1964 instaurant par décret au 1er janvier 1966 l'établissement public industriel et commercial (EPIC) de l'Office national des forêts. L'idée de Pisani était que cet EPIC soit capable de gérer les forêts de l'État et des communes, mais aussi de protéger un marché et de le dynamiser d'un point de vue économique. En principe, les recettes proviennent de la vente de bois, dont une partie est destinée à couvrir l'investissement sylvicole, ce qui permettrait d'atteindre une rentabilité. Mais ce serait faire fi du fait que les prix sont tributaires de la desserte et des débouchés,

et que, dans certaines situations, les locations de chasse rapportent plus que la vente de bois. Il semblerait que l'on ne se soit pas allé jusqu'au bout de cette réforme ou que l'on ne se soit pas assez préoccupé de cet aspect économique durant de nombreuses années puisque, dans les années 1980, l'ONF était déjà en déficit. Quarante ans après, le modèle économique ONF fondé sur son activité de service public et son caractère industriel et commercial atteint ses limites.

L'ONF est garant du régime forestier, est-ce là l'un des problèmes?

L'ONF écrit que «le régime forestier constitue le socle de la politique forestière de la nation, garant de la gestion durable et multifonctionnelle des forêts publiques», mais cette affirmation n'est pas tout à fait exacte car il appartient aux propriétaires forestiers – État, collectivités, personnes morales et physiques – et aux gestionnaires de satisfaire les demandes de la société, qui ont beaucoup évolué en la matière. Et depuis la loi de décentralisation de 1982, il est difficile d'imposer aux collectivités une vision nationale, voire monopolistique, qui ne prend pas assez en compte la spécificité de leurs territoires. Cette situation pose un certain nombre de questions. Pourquoi y aurait-il un seul organisme chargé de mettre la politique forestière en œuvre de manière uniforme? Pourquoi ce dernier a-t-il besoin d'autant d'agents pour appliquer un régime forestier qui pourrait être décliné selon les besoins des collectivités? La preuve qu'il pourrait en être autrement: l'application des politiques de l'État en la matière fonctionne très bien avec les centres régionaux de la propriété forestière. Depuis les lois de décentralisation, le développement économique est une mission des Régions en coopération avec l'État, qui veille à la prise en compte de l'intérêt général, et les autres collectivités territoriales, l'objectif étant d'associer l'amont et l'aval de la filière en croisant les investissements.

En outre, il est à noter que certaines collectivités refusent ce système; par exemple, en Gironde où des forêts de pins maritimes communales sont gérées avec des coopératives sans l'ONF, la préservation des forêts est respectée et les communes ont la garantie d'avoir une ressource régulière sur le marché. En réalité, la situation des forêts publiques en France est à un tournant de son histoire, elle a besoin d'une grande réforme dans son organisation et ses méthodes de gestion. Maintenir une entité dont les coûts de fonctionnement sont très importants

et sous perfusion des finances publiques semble difficile, d'autant que nous avons des documents d'urbanisme intercommunaux qui prennent en compte la gestion et la protection des forêts. Un opérateur unique, avec un périmètre de missions trop étendu, n'est pas forcément ce dont nous avons besoin à présent.

Que préconisez-vous?

Une attention croissante doit être accordée aux relations entre traitements sylvicoles et logiques territoriales tout en maintenant la forêt rattachée à l'agriculture. Sans doute faut-il revoir le statut de l'ONF, son financement et ses missions car il agit à la manière d'un grand «ensemblier» et couvre trop de métiers. Il serait intéressant d'étudier la possibilité de replacer les forestiers d'État, en nombre insuffisant, dans les services des directions départementales des territoires (DDT) et des directions régionales de l'alimentation, de l'agriculture et de la forêt (DRAAF), et de ne conserver l'EPIC que pour les forêts domaniales, voire pour les forêts des collectivités par voie de conventions pluriannuelles après mise en concurrence avec des gestionnaires privés. Les agents de l'ONF qui travaillent pour les collectivités territoriales et qui gèrent leurs forêts pourraient basculer dans la fonction publique territoriale. Quant aux missions de RDI (recherche, développement et innovation), il serait plus logique de les confier aux ingénieurs de l'INRAE, qui œuvrent pour un développement cohérent, durable et circulaire de l'agriculture et de l'alimentation. Les missions d'intérêt général pourraient revenir aux services de l'État dans les départements, et les missions environnementales être confiées aux établissements publics administratifs existants en charge de ces questions. Un autre objectif est de favoriser l'emploi des populations locales. Aujourd'hui, transition écologique oblige, nous sommes dans une réflexion sur les circuits courts, il serait donc prudent de garder les modes de production locaux, en d'autres termes, d'éviter d'envoyer le bois brut en Italie pour qu'il revienne sous forme de meubles.

L'univers forestier est complexe et on lui demande beaucoup: l'aval – les entreprises de transformation – doit tirer l'amont – les exploitations sylvicoles – tout en ménageant les peuplements, les paysages, la biodiversité, la qualité de l'air et de l'eau. Une gestion intégrée, qui repose sur les trois fonctions de la forêt – économique, environnementale et sociétale – ne passerait-elle pas par la mise en place d'instances consultatives et décisionnaires dans les territoires? Et pour cela, ne faudrait-il pas, à l'instar de Pisani, dépoussiérer cette vieille institution ONF qui n'est plus vraiment en phase avec notre époque?

En ce début de troisième millénaire, le défi écologique gouverne les actions à entreprendre dans les métropoles afin de rétablir les équilibres entre urbanité, activités humaines et zones naturelles. Reconsidérer le couple ville/nature et le questionner est l'objet de cette recherche universitaire. Extraits commentés par Benjamin Kieffer.

La protection de la nature autour de Paris est un sujet récurrent chez les urbanistes. En leur temps, le baron Haussmann et sa ceinture verte (1880), puis Henri Prost et son premier plan d'aménagement de la région parisienne (1934) se sont efforcés de canaliser l'expansion de la capitale française en posant des jalons censés créer une alliance durable avec la nature. Las, le plan Prost et les schémas directeurs successifs de la seconde moitié du XXe siècle n'ont pas retenu le déferlement des lotissements sur toute la banlieue, puzzle de zonages et de réseaux routiers à recomposer.

Souvent comparée à ses voisines européennes, Berlin, Londres ou Madrid, la capitale française n'est cependant pas dénuée de toute nature, contrairement aux idées reçues. Dès que l'on sort de ses limites administratives et que l'on regarde l'agglomération francilienne dans sa globalité, cette vision tend à s'inverser. Les massifs de Rambouillet, de Fontainebleau, de Montmorency et de Saint-Germain-en-Laye sont les plus connus, mais en réalité, les espaces boisés sont plus nombreux qu'il n'y paraît. L'Île-de-France compte 280 000 hectares plantés et 50 forêts domaniales, un patrimoine historique qui a servi dès le Moyen Âge à bâtir les premières charpentes et qui s'est enrichi au fil du temps grâce aux aménagements royaux dont les tracés majestueux sont encore lisibles sur le territoire.

Qui dit Grand Paris dit projets urbains et réseau de transports express à l'horizon 2030. On en oublierait presque que l'Île-de-France, première région économique européenne (30 % du PIB de la nation), est également riche d'un patrimoine forestier qui couvre 24 % de sa superficie contre 31 % dans l'Hexagone. Non seulement cette réserve de chlorophylle joue un rôle de ballon d'oxygène et d'espaces de loisirs pour les Grands Parisiens en quête de bien-être, mais ce joker écologique pourrait être un remède aux grands maux du XXIe siècle en maintenant une biodiversité vitale et en régulant les aléas climatiques. Pour autant, ce capital vert peine à trouver une autre résonance avec la grande agglomération alors que l'exploitation de ses forêts représente un développement économique et social actuellement en sommeil et que la nature et la ville cherchent à tisser de nouveaux liens.

Ce constat est à l'origine du mémoire de fin d'études de Benjamin Kieffer qui, de retour d'un séjour Erasmus à Helsinki – capitale finlandaise qui fait voisiner et coopérer ses forêts avec ses zones résidentielles –, a décidé de consacrer le mémoire de son deuxième master – architecture et urbanisme – à la forêt grand-parisienne. Intitulé « Urbanus Forestam » et richement documenté sur le grand territoire parisien et sur les origines de sa forêt, ce travail de recherche porte un regard historique, économique et sociétal sur l'environnement naturel de la capitale.

Ce mémoire s'invite en toute logique dans cet ouvrage car il traite d'un sujet cher à l'agence Leclercq Associés : la forêt francilienne et ses implications dans les nouveaux plans d'aménagement. Il se trouve également que Benjamin Kieffer fait ses premiers pas professionnels au sein de l'agence Leclercq Associés. Cela ne saurait mieux tomber puisque François Leclerq, après avoir participé, au sein du Groupe Descartes[1], à la consultation internationale pour l'avenir du Paris métropolitain en 2007, a réalisé plusieurs projets d'envergure sur le Grand Paris[2] et n'a cessé de plaider pour la naturalisation de la métropole afin qu'elle puisse tirer ses ressources de son grand territoire.

« Les forêts franciliennes ont toujours été des vases sacrés, puis à l'époque des Lumières, la vision du philosophe Descartes va amener l'idée que l'homme est maître et possesseur de la nature, d'où son approche très utilitariste. Cette nature doit alors répondre à certains besoins ou être étudiée par les encyclopédistes en vue d'y répertorier les espèces vivantes ; productive pour le bois de chauffage et progressivement domestiquée, elle est plus souvent considérée comme une rivale de la ville que comme une alliée. » Benjamin Kieffer

Vélizy-Villacoublay, forêt de Meudon, une coupe de bois, vers 1905. Coll. Pavillon de l'Arsenal.

Clamart, bois et cabanes de bûcherons, vers 1927. Coll. SOA.

Cette rivalité ne date pas d'hier. On constate une disparition quasiment exclusive des surfaces de nature agricole et maraîchère entre les années 1730 et la fin du XIXe siècle (disparition tardive des murs de pêches à Montreuil, par exemple). Dans un même temps, ces surfaces agricoles sont remplacées par un autre type de « nature », les bois, parcs et jardins qui connaissent une forte augmentation. On peut ici comparer les chiffres à superficie égale : 991 hectares de bois en 1930 contre 995 hectares en 2017 ; 889 hectares de parcs et jardins en 1930 contre 1 420 hectares en 2017. On observe également pendant cette période une sacralisation, ou sanctuarisation, de la forêt et une transition des espaces de nature : en un peu plus d'un siècle, on est passé d'une nature qui nourrit et sert la ville à une nature esthétique et récréative.

Emprise de nature (surfaces de pleine terre, hors-sols agricole, voirie et infrastructures) par région forestière

Force de l'emprise (du moins fort au plus fort)

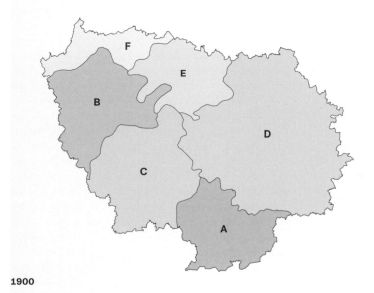

1900

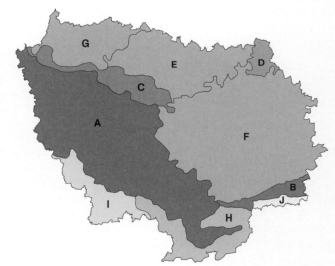

Aujourd'hui

Ancien pays

A	Gâtinais	25,2	%
B	Mantois	22,1	%
C	Hurepoix	16,5	%
D	Brie française et champenoise	15,6	%
E	France	14,9	%
F	Vexin français	13,5	%

Régions forestières définies par l'IFN en 1958

A	Pays Yveline / Fontainebleau	43,3	%
B	Vallée de la Marne, Seine	34,5	%
C	Vallée de la Seine	32,6	%
D	Tardenois	31,9	%
E	Valois et Vieille France	30,4	%
F	Brie	30,3	%
G	Pays de Thelle et Vexin	30,1	%
H	Gâtinais	20,6	%
I	Beauce	11,8	%
J	Champagne crayeuse	8,5	%

Emprise de nature (surfaces de pleine terre, hors sols agricole, voirie et infrastructures) : répartition entre les territoires

Force de l'emprise (du moins fort au plus fort)

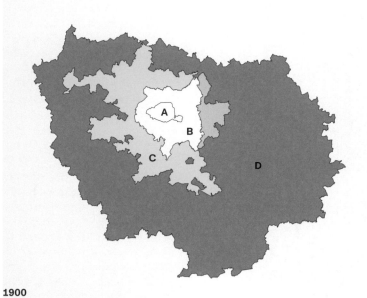

1900

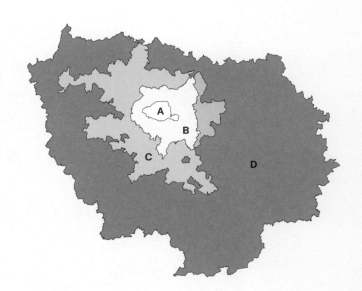

Aujourd'hui

A	Paris	0,7	%
B	Ceinture métropolitaine	4,3	%
C	Ceinture dense	18,8	%
D	Ceinture régionale	76,2	%

A	0,5	%
B	6,2	%
C	22,5	%
D	70,8	%

Maîtrisée par la main de l'homme, la nature l'est surtout par le cadre administratif qu'il n'a eu de cesse de déployer au nom de la protection de la forêt et d'un équilibre raisonné à la lisière de la ville. L'objectif: compenser les méfaits de l'urbanisation par la recherche d'air pur, la limitation des îlots de chaleur urbains et fournir à la population résidant à proximité un lieu où s'épanouir. On observe ainsi une «mise sous cloche» des espaces forestiers limitant les activités humaines.

Cette surprotection des forêts, qui permet leur conservation et leur régénération, s'inscrit dans la politique forestière s'appliquant à l'ensemble du territoire francilien. L'Île-de-France possède quatre parcs naturels régionaux (PNR) – la Haute Vallée de Chevreuse, le Vexin français, le Gâtinais français et l'Oise-Pays de France – qui regroupent 300 000 habitants et occupent 19% du territoire; il s'agit d'espaces faiblement peuplés à l'échelle de l'agglomération, principalement situés à la marge. À ces vastes domaines en camp retranché s'ajoutent les espaces Natura 2000 – une directive européenne – qui comptent pour 22% de la forêt francilienne contre 19% des forêts au niveau national, soit 49% des forêts publiques, dont les grands massifs de Fontainebleau ou de Rambouillet, loin des centres urbains. C'est ici que la biodiversité ainsi que les enjeux de conservation sont les plus forts.

Enfin, les espaces boisés classés (EBC) sont encadrés par les plans locaux d'urbanisme (PLU), qui peuvent classer les bois, les parcs, les forêts et les arbres isolés, de même que les plantations en alignement, comme zones à protéger ou à créer. Les EBC ont un mode de protection contraignant car ils interdisent le changement d'affectation de la nature des sols et peuvent entraîner un rejet des autorisations de défrichement prévues par le Code forestier. La délivrance de l'autorisation de coupe ou d'abattage d'arbres est alors de la compétence du maire ou du président de l'établissement public intercommunal. Des aménagements peuvent aussi être trouvés avec le propriétaire lorsque celui-ci voit son terrain classé: il peut s'agir de compensations ou d'autorisations à construire sur un tantième de la parcelle en échange du don à la collectivité du reste de celle-ci.

«Après avoir conçu au cours des cinquante dernières années les espaces naturels comme des espaces de loisirs, de santé et de pratique sportive, la nature est aujourd'hui considérée comme un environnement à préserver des activités humaines. Et l'on va vers une forme plus définitive de sanctuarisation. Le processus a commencé dans les années 1980 et cette mise sous cloche des espaces dont il est question peut engendrer certains déséquilibres. Il s'agit d'une coupure trop nette et d'une rupture de liens entre certains espaces interdits et d'autres où tout reste permis. Cette politique n'a pas empêché la chute drastique de la biodiversité dans la région parisienne et l'extinction de certaines espèces.» Benjamin Kieffer

Par effet miroir, le territoire forestier francilien ressemble à celui de l'Hexagone; le peuplement de feuillus représente 94% des essences contre seulement 6% de résineux. Dans le détail, les arbres sont regroupés en quatre espèces dominantes: 45% de chênes,

12% de frênes, 8% de châtaigniers et enfin 4% de pins sylvestres.

Au total, la forêt francilienne est composée de 1 459 espèces végétales. Pourtant, cette abondante variété ne représente pas un potentiel économique «utilitaire», cette ressource n'étant plus qualifiée d'essentielle pour nos sociétés modernes. En d'autres termes, la préservation de la biodiversité et l'accueil du public sont davantage mis en avant. Et cela, bien avant les fonctions économiques, alors même que la coupe et vente du bois sont la source principale des profits qui permettent d'entretenir la forêt. Le bénéfice écologique primant, il y a là un paradoxe difficilement gérable car les frais d'entretien dépendent des propriétaires, qu'il s'agisse de l'État et/ou de particuliers. Les risques qui en découlent sont à l'avenant: moins une forêt est rajeunie, plus ses arbres manquent d'ardeur.

Ce constat met en lumière le fait que les forêts en Île-de-France demeurent largement sous-exploitées. On considère qu'elles sont utilisées à seulement 51% de leurs capacités. Il en résulte un potentiel important qui a été mis en avant en 2017 par l'adoption d'une nouvelle «stratégie pour la forêt et le bois» par laquelle la Région s'engage à redynamiser la filière bois (3 000 emplois à la clé) grâce à l'exploitation forestière et au développement des marchés publics, notamment à travers la construction de lycées ayant recours à la solution bois. Recréer une filière bois pérenne en Île-de-France est devenu un impératif, cette dernière manquant encore de cohérence en raison de sa désorganisation qui entraîne une perte d'efficacité aussi bien sociale qu'environnementale. Les bois d'œuvre en région Île-de-France sont bien souvent transportés sur de longues distances du fait de l'absence de scieries en nombre suffisant et de filière adaptée. Le secteur est également confronté à une concurrence importante venant des pays de l'Est, voire de la Chine, qui mettent en place des filières à bas coût. Aujourd'hui, le bois coupé en Île-de-France sert principalement à la production d'énergie (64%) et à l'industrie (7%), le bois d'œuvre ne représentant que 143 000 m³ sur les 305 000 m³ récoltés.

Les curateurs de l'exposition «Capital agricole, chantiers pour une ville cultivée», organisée au Pavillon de l'Arsenal[3], ont calculé que 420 000 m² de constructions pourraient être réalisés avec le seul bois récolté et qu'il serait même possible de porter cette projection à 1 900 000 m², soit dix fois la programmation totale de la ZAC Batignolles. Ces chiffres doivent cependant être considérés en tenant compte de la disparition des scieries, les seules à subsister étant très éloignées de la capitale. D'où l'absence d'une filière industrielle capable de couper, de traiter et d'assembler le bois dans la région francilienne, à quoi s'ajoute un défaut de taxation efficace aux frontières de l'Europe qui ne permet pas de lutter contre les importations à faible coût, facteur de déstabilisation de la filière locale et nationale.

Cependant, les pratiques d'exploitation de la forêt grand-parisienne évoluent. La plantation monoculture diminue au profit de plantations multi-essences à la gestion différenciée. De même, les espèces sont mélangées pour offrir une meilleure résistance aux maladies et aux insectes envahisseurs. Certaines associations mettent en œuvre de nouvelles pratiques de gestion durable et rentable des

forêts sur le territoire francilien en respectant les écosystèmes naturels forestiers. C'est le cas de Pro Silva, en particulier, qui tend à favoriser la régénération naturelle de la forêt par des coupes opportunes pour laisser pousser des arbres plus jeunes et sauvegarder, en même temps, les arbres remarquables, préservant ainsi des paysages variés.

Ce besoin de replacer la ville au cœur de son environnement naturel s'exprime avec force à l'époque actuelle et cette exigence moderne commence à être prise en compte plus ou moins maladroitement par des projets d'aménagement de territoires, mais aussi par des actions plus locales entreprises par les citoyens eux-mêmes. Si l'on peut observer une utilisation massive du végétal dans les programmes urbains, il est parfois regrettable que les décideurs pressés par leurs concitoyens exigent souvent, à travers le processus du concours d'architecture, un fort degré de végétalisation dans les constructions, ce qui aboutit à des situations absurdes de *green washing* et de faux-nez écologique, où l'utilisation du végétal ne sert qu'à masquer certains points faibles d'une construction.

En revanche, il existe un certain nombre d'innovations sur lesquelles il est intéressant de se pencher, comme la création d'un massif forestier en bordure du périphérique, dont les talus et autres délaissés urbains sont investis par des plantations qui se rapprochent des massifs boisés. Ainsi, le projet conçu par l'agence TER et François Leclercq, baptisé «La forêt linéaire», est divisé en deux tronçons de part et d'autre du périphérique. Il s'inscrit dans un programme de renouvellement urbain au nord de Paris, dans des espaces longtemps délaissés et soumis à plusieurs problèmes: bruit, pollution, pauvreté, refuges éphémères pour migrants ou commerces illicites. Cette forêt linéaire qui s'étend sur 11 000 m² est aussi une préfiguration des plans directeurs consistant à considérer le boulevard périphérique comme un vaste parkway (axe planté paysager), et répond de plus à une nouvelle doctrine en matière d'espaces verts visant à sortir de la dimension très fonctionnaliste du XXᵉ siècle héritée de la pensée hygiéniste.

«Les "petites forêts urbaines", en dépit des critiques parfois justifiées autour d'une "communication verte", peuvent remplir des fonctions esthétiques. Elles peuvent également créer des micro-continuités de corridors écologiques, utiles pour la faune et efficaces pour lutter contre les effets nocifs d'îlots de chaleur.» Benjamin Kieffer

Cette réappropriation de micro-espaces correspond au désir de mettre en valeur des petites parcelles qui agissent, elles aussi, en faveur de l'écologie. Ainsi, les micro-forêts de l'association Boomforest situées Porte de Montreuil et Porte des Lilas ont été aménagées selon une méthode inventée par Akira Miyawaki, un botaniste japonais qui a planté plus de 40 millions d'arbres dans le monde. Expert en écologie appliquée et spécialiste des graines, ce scientifique nippon a fait le constat que la plupart des bois et forêts créés selon les principes de la sylviculture n'étaient pas les plus résilients et les plus efficaces pour faire face aux changements climatiques et aux maladies. En France, les micro-forêts poussent, certes, plus vite du fait de la concurrence entre les espèces, mais le taux de perte est également important. Ce qui est indéniable est que ces espaces représentent des microréservoirs de biodiversité (insectes, fertilisation des sols) et de fraîcheur en milieu urbain.

Micro-forêts urbaines ou vastes domaines forestiers structurants caractérisent les futurs projets de la Région capitale qui ont en commun de s'adapter à différentes échelles. Actuellement, l'exemple le plus probant est la reconquête de la plaine de Pierrelaye-Bessancourt, où il est prévu de planter un million d'arbres par la reconversion d'espaces agricoles pollués entre les forêts de Saint-Germain-en-Laye, de Montmorency et de L'Isle-Adam. Portée par le syndicat mixte d'aménagement, cette trame verte se situe entre deux massifs au sein d'un bassin de vie fortement urbanisé – 500 000 habitants –, véritable respiration dans ce territoire dense. Cette future forêt de 1 350 hectares est à ce jour la plus importante depuis celles plantées à l'époque de Napoléon III et constitue un maillon important de la ceinture verte d'Île-de-France. La ville cherche désormais à intégrer la nature, à mieux la comprendre et à en redécouvrir les bénéfices oubliés.

1   Parmi les dix équipes ayant pris part en 2007 à la consultation internationale pour l'avenir du Paris métropolitain figurait le Groupe Descartes, composé d'architectes, d'urbanistes et de chercheurs. Piloté par Yves Lion, François Leclercq et David Mangin, ce groupe a pris le nom de la cité universitaire de Marne-la-Vallée, territoire démonstrateur de l'Est parisien et siège des meilleurs instituts de recherche sur la ville.

2   L'agence Leclercq Associés mène des projets urbains de grande échelle en France comme l'extension d'Euro-méditerranée à Marseille, la stratégie métropolitaine pour la métropole de Montpellier, ou encore l'extension du port de La Grande-Motte. Sur le territoire du Grand Paris, elle élabore un plan guide pour Paris Nord-Est élargi, et réalise la ZAC de la Plaine Saulnier à Saint-Denis (93), un nouveau quartier qui accueillera le Centre aquatique olympique, le seul équipement sportif neuf des JO 2024.

3   L'exposition s'est tenue du 2 octobre 2018 au 17 février 2019, sous la direction de SOA/Augustin Rosenstiehl. Cet événement a donné lieu à un objet d'édition au titre éponyme publié par le Pavillon de l'Arsenal.

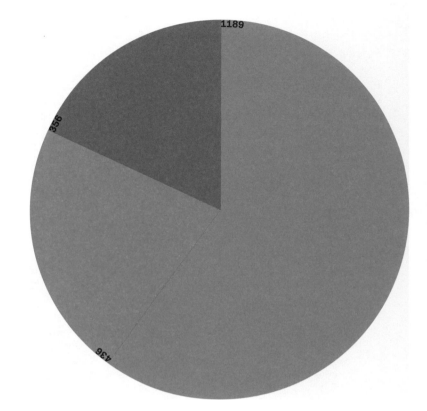

Répartition de la taille des entreprises en nombre de salariés parmi les 1981 entreprises de construction bois en France

- Moins de 10 salariés
- De 10 à 19 salariés
- Plus de 20 salariés

Alors qu'elle participera à la 26ᵉ conférence annuelle de l'ONU sur le climat qui se tiendra en novembre 2021 à Glasgow afin d'engager les États membres à une plus grande réduction des gaz à effet de serre, la France doit encore répondre à de multiples problématiques forestières sur son territoire qui sont toutes liées à la gestion des domaines privé/public. Avec 16,7 millions d'hectares de forêts, la France se situe au quatrième rang européen (derrière la Suède, l'Espagne et la Finlande), mais son capital écologique est à présent fragilisé par des peuplements sinistrés en raison du changement climatique avec une augmentation des températures moyennes, une répétition des épisodes de gel, des sécheresses de plus en plus marquées et des inondations dévastatrices.

Face à ces constats, les politiques publiques viennent au chevet de nos forêts, alors que certaines sont également infectées par des ravageurs: les chenilles processionnaires et les scolytes qui sévissent dans trois grandes régions, Grand Est, Bourgogne-Franche-Comté et Auvergne-Rhône-Alpes. Ce n'est là qu'un signal d'alerte parmi d'autres. L'Europe, l'État et les collectivités territoriales doivent maintenant se mobiliser activement autour de la protection de la biodiversité et de l'accroissement des ressources génétiques forestières, ce à quoi s'ajoute la production économique de l'aval et de l'amont forestiers.

Autant de sujets qui appellent une gestion agro-environnementale adaptative et durable de nos forêts, conforme à l'intérêt général comme à l'intérêt privé, à la fois rémunératrice, au regard des efforts consentis, et protectrice de la couverture vivante des espaces naturels permettant le développement actif de la filière bois.

Annoncé en décembre 2020 par le ministère de l'Agriculture et de l'Alimentation, le lancement d'une vaste campagne de «repeuplement» des forêts françaises est à cet égard symptomatique. Elle portera sur 50 millions d'arbres d'essences sélectionnées avec à la clé une enveloppe de 200 millions d'euros. À ce jour, il s'agit de la plus importante opération de reboisement jamais engagée depuis l'après-guerre, et elle constitue un véritable patrimoine vert pour les générations futures.

Cependant, le développement durable des forêts et l'équilibre de leur gestion restent parmi les priorités du ministre Julien Denormandie, qui a pris un certain nombre de dispositions en janvier 2021 afin d'anticiper le renouvellement des peuplements vulnérables. Cet effort sera soutenu par les financements de l'État et de l'Europe dans le cadre des crédits du plan de relance, et pour en comprendre la portée, il convient de distinguer les deux structures qui encadrent le fonctionnement des forêts françaises.

Activités diverses des 1981 entreprises de construction bois

● Entreprises de charpente	Code NAF 4391A
● Entreprises de menuiserie	Code NAF 4332A
● Autres, dont les plus représentées sont:	
Construction d'autres bâtiments	Code NAF 4120B
Travaux de couverture	Code NAF 4391B
Travaux de maçonnerie générale	Code NAF 4399C
● Constructeurs de maison individuelle	Code NAF 4120A
● Fabricants de charpente et de menuiserie	Code NAF 1623Z

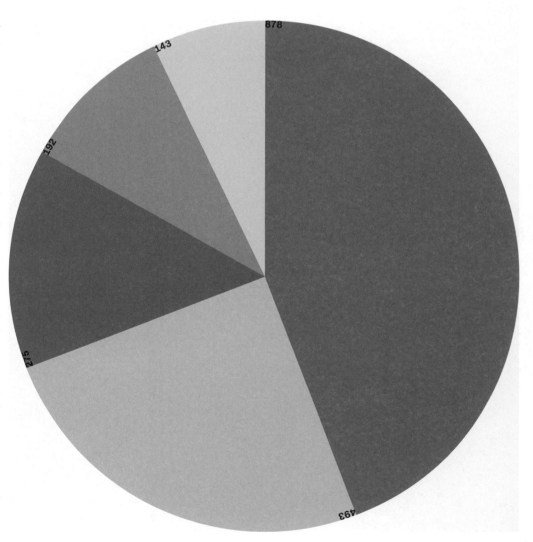

L'Office national des forêts (l'ONF)

Cet établissement public à caractère industriel et commercial (EPIC), créé par la loi du 23 décembre 1964, assure la gestion de 20 % de la surface forestière du territoire national. Il est l'opérateur unique chargé de la mise en œuvre du régime forestier et de la politique forestière de l'État dans les forêts publiques des collectivités territoriales, des forêts domaniales et des établissements publics. En vertu du régime forestier, une servitude juridique découlant d'une triple approche économique, environnementale et sociétale s'applique à ces massifs boisés. L'ONF commercialise pour le compte de l'État et des collectivités environ 35 % du bois d'œuvre et d'industrie en France, ce qui fait de lui le premier fournisseur de bois du pays. À ses débuts, son financement était communément décrit selon la formule « le bois finance la forêt », c'est-à-dire que le produit tiré des ventes de bois était censé couvrir l'ensemble des dépenses liées aux activités de l'ONF – en réalité, sa gestion est plus complexe [1]. Ce modèle a perduré jusque dans les années 1980, période où les prix du bois étaient élevés, ce qui lui a permis d'avoir d'importants effectifs en personnels et en ouvriers – passés de 15 900 à 9 000 aujourd'hui. Mais cet équilibre financier est à présent fragilisé. À raison de 50 millions d'euros de déficit annuel, sa dette globale est de 450 millions d'euros. En un mot, l'ONF ne couvre plus ses dépenses par ses recettes et ses subventions. Publié en 2020, un rapport d'évaluation interministériel proposait des pistes d'« évolution » afin de remédier à un dysfonctionnement dû autant à des défauts de gouvernance et de pilotage qu'à la multiplication d'objectifs souvent contradictoires. En outre, le rapport souligne un manque de transparence de l'ONF s'agissant de ses frais de gestion et de l'articulation entre ses différentes activités liées au régime forestier. En conséquence, ses relations avec les collectivités territoriales propriétaires se sont tendues et certaines d'entre elles contestent désormais la légitimité d'un gestionnaire unique pour les forêts publiques. La crise actuelle au sein de l'ONF appelle à une révision de ses actions et de ses prérogatives.

Les centres régionaux de la propriété forestière (CRPF)

Les propriétaires privés assurent la gestion de 75 % de la surface boisée en France, soit 12,7 millions d'hectares. La France compte 3,5 millions de propriétaires privés réunis au sein du Centre national de la propriété forestière, lequel est décliné en antennes régionales. L'État lui verse une subvention de fonctionnement de 15 millions d'euros par an, auxquels s'ajoute la taxe additionnelle sur le foncier non bâti reversé par les chambres d'agriculture. Cet établissement public créé en 1964 – et qui emploie 2 500 agents – oriente la production privée pour encourager une gestion durable en respectant les équilibres naturels. Les formations à la gestion forestière sont initiées par des organismes privés et compétents, les ayants droit pouvant trouver une information de qualité relative à la gestion des espèces. La forêt privée en France est importante, mais son morcellement rend très difficile son exploitation. Les petites parcelles de 1 à 25 hectares représentent 33 % de la forêt française et concernent un million de propriétaires. Selon les statistiques du Programme national de la forêt et du bois (2016-2026), moins de 2 millions d'hectares sont gérés, et les 4 millions d'hectares « dormants » pourraient fournir 24 millions de mètres cubes de bois d'œuvre et de bois énergie par an. Ces volumes non récoltés du fait de l'abandon d'une large partie de la petite forêt privée représenteraient une richesse inexploitée dépassant la dizaine de milliards d'euros et une centaine de milliers d'emplois, majoritairement en région et ruraux. Ce serait là une manne supplémentaire pour la transformation du bois exploité en France (environ 40 millions de mètres cubes par an) sur un chiffre d'affaires total de 60 milliards d'euros concernant 440 000 emplois directs et indirects.

Au regard de cet état des lieux, l'État a proposé un certain nombre de dispositifs ministériels inscrits dans le plan France Relance, lesquels font l'objet d'une action en direction des propriétaires privés et de l'ONF dans le cadre d'un projet de contrat avec l'État sur la période 2021-2025. Comme l'a indiqué le ministre Julien Denormandie : « La filière forêt-bois trouve naturellement sa place dans le plan France Relance puisqu'il s'agit d'accélérer la conversion écologique de notre économie et de notre tissu productif, de sauvegarder les emplois et d'assurer notre souveraineté. »

Dans un premier temps, les propriétaires privés potentiellement concernés sont incités à investir pour adapter leurs forêts ou pour améliorer leur contribution à l'atténuation du changement climatique. Dans cette perspective, un appel à manifestation d'intérêt (AMI) est lancé à destination des opérateurs économiques de l'amont forestier, il est assorti d'un budget de 15 millions d'euros pour aider à la modernisation des scieries françaises. Dans un second temps, un projet de contrat est à l'étude avec l'ONF, qui est confirmé dans son rôle d'opérateur unique chargé de garantir une gestion durable, performante et multifonctionnelle des forêts publiques (départementales et communales). Ce contrat fixe également les grandes orientations et les objectifs de la relation entre la nation et son gestionnaire forestier, mais ses détracteurs – notamment les fonctionnaires de l'ONF et leur syndicat – jugent que les propositions annoncées manquent d'engagements clairs et chiffrés en termes de moyens humains et financiers. L'une des directives « sensibles » est, semble-t-il, le choix d'essences adaptées aux territoires tout en tenant compte des besoins des industries de la filière bois et des tendances du marché, notamment dans la sélection d'essences d'avenir. L'objectif est d'assurer la pérennité du service de fourniture du matériau bois et la compétitivité de la filière. Toute la difficulté étant d'introduire des espèces pour favoriser à la fois l'adaptation aux changements climatiques et la production du bois d'œuvre. Aucune solution n'était encore proposée au milieu de l'année 2021.

1   Le financement de l'ONF par l'État s'élève à 178,8 millions d'euros. Sa contribution se décompose en un versement compensateur, stable, de 140,4 millions d'euros, une subvention d'équilibre de 12,5 millions d'euros et un financement de ses missions d'intérêt général de 26 millions d'euros. Les charges de l'établissement (855,5 millions d'euros) excèdent ses produits (847,3 millions d'euros) de 8,2 millions d'euros.

Le soutien actif au bois *made in France* est intervenu aux lendemains des travaux du Grenelle de l'environnement de 2007, lorsque l'État a décidé de relancer l'industrie du bois dans la construction. De 2010 à 2020, les pouvoirs publics ont accompagné les actions de la filière bois et ont fortement contribué au développement des filières industrielles «vertes» considérées comme stratégiques en raison de leur potentiel en termes d'emplois non délocalisables et de création de valeurs.

En 2013, un Plan national d'action pour l'avenir des industries de transformation du bois est mis en œuvre afin de favoriser l'emploi de matériaux de construction d'origine biosourcée, en particulier le bois qui trouve une formidable place dans la rénovation des bâtiments visant, entre autres, à une plus grande sobriété énergétique. Compte tenu de la demande internationale et intérieure en matière première, ce Plan national souligne que la hiérarchisation des usages du bois doit être respectée – bois d'œuvre, bois d'industrie, biomasse à vocation énergétique – afin de ne pas appréhender son emploi de manière sectorielle. «Le développement de la filière forêt-bois nécessite une parfaite articulation entre les politiques forestières, industrielles, énergétiques et environnementales», rappellent le ministère du Redressement productif, le ministère de l'Agriculture et le ministère de l'Égalité des territoires et du Logement, tous signataires de cette directive. C'est dans cet esprit que l'État lance en 2013 les Rencontres régionales pour l'avenir des industries du bois, en partenariat avec l'Association des régions de France, un rendez-vous national qui permet aux professionnels de la filière de formuler un grand nombre de mesures constituant le socle de ce plan d'avenir pour la transformation du bois.

L'année suivante, en 2014, le ministère de l'Économie intègre ce secteur au Conseil national de l'industrie (CNI) et le place au quatorzième rang des filières stratégiques nationales afin d'amorcer le continuum recherche, développement et innovation (RDI). Réunissant sept groupes de travail appelés à nourrir sa feuille de route, le Comité stratégique de la filière bois (CSF Bois) lance des projets fédérateurs fondés sur la spécificité des bois français, notamment des bois feuillus, visant à lever les obstacles réglementaires et à développer des stratégies de valorisation du bois par l'architecture, l'architecture d'intérieur et le design. Cette année-là, France Bois Forêt (2004) et France Bois Industries Entreprises (2011), les deux grandes instances interprofessionnelles de ce secteur, s'associent dans un projet commun à l'horizon 2020 intitulé «Projet Forêt Bois pour la France», qui entend optimiser la récolte du bois, maintenir

la biodiversité, réduire le déficit commercial de la filière, apporter de la valeur ajoutée dans les PME et créer 25 000 emplois dans l'objectif de construire 500 000 logements par an.

En 2015, lorsque la France adopte la Stratégie nationale bas-carbone (SNBC), les opérateurs sont invités à se tourner vers les matériaux biosourcés, à savoir le béton bas carbone et le bois, en privilégiant l'approvisionnement en circuits courts. Et, en 2017, le Programme national de la forêt et du bois publié par décret prévoit, quant à lui, d'augmenter les prélèvements du bois au regard de la potentialité forestière existante, dans le respect de la gestion durable, afin d'augmenter le stockage du carbone dans les matériaux du bois d'œuvre.

Première concernée, l'industrie immobilière se met alors en ordre de marche et l'on voit apparaître dans ses organigrammes un nouveau poste, celui de «Monsieur Carbone», vigie de la valeur verte, certains majors des BTP allant jusqu'à intégrer dans leurs équipes des bureaux d'études spécialisés et des entreprises de la deuxième transformation du bois. Le cap est donné, la construction bois s'annonce comme un nouveau marché à investir.

«Dès 2015, les opérations d'intérêt national ont manifesté leur volonté de développer des bâtiments vertueux dans leurs grands projets urbains, commente Patrick Molinié, responsable du pôle construction au FCBA (Forêt, Cellulose, Bois-construction, Ameublement), le laboratoire recherche et développement de la filière bois. Par exemple, Bordeaux-Euratlantique s'est donné pour mission de bâtir 25 000 m² de constructions biosourcées d'ici à 2025, l'Epa-Marne, territoire démonstrateur du Grand Paris, a mis en route 4 500 logements bois, et l'Eurométropole de Strasbourg, quatrième région forestière française, programmait une quinzaine d'opérations sur l'agglomération jouant la carte de la coopération entre territoires ruraux et urbains.»

Bien avant que les établissements publics d'aménagement s'évangélisent, le bois avait déjà conquis les bailleurs sociaux attachés à redonner du pouvoir d'achat énergétique à leurs locataires. Un argument imparable auquel se rallie en 2020 le groupe Action Logement (1 % patronal), à la tête d'un million d'appartements, qui annonce son intention de faire appel à la solution bois pour 30 % de sa production de bâtiments neufs et pour 40 % de ses immeubles à rénover.

Le long chemin vers une économie constructive décarbonée

L'annonce du durcissement de la réglementation environnementale (RE 2020) a tracé la voie au bois d'œuvre afin qu'il joue un rôle structurel dans la ville, mais en dépit de la politique volontariste menée par l'État et par la filière bois, le démarrage de ce nouvel écosystème forêt/industrie propice à une économie constructive décarbonée s'avère plus lent que prévu.

En 2016, un nouveau Plan recherche et innovation est annoncé par les ministères de l'Agriculture et de l'Enseignement supérieur, désignant treize projets regroupés selon trois grandes priorités complémentaires: accroître les performances du secteur par des approches systèmes; développer les usages du bois dans une perspective bioéconomique; adapter la forêt et préparer les ressources forestières du futur. Mais à peine ce Plan recherche et innovation est-il engagé qu'un nouveau Plan d'action

interministériel industries du bois (2018-2020) voyait le jour, prévoyant de relancer la filière bois autour de trois projets structurants: l'innovation collaborative intitulée «Cadre de vie: demain le bois»; la réalisation de manière exemplaire d'ouvrages olympiques et paralympiques pour les JO Paris 2024; l'accompagnement des entreprises de la filière dans un élargissement de leurs compétences. Parallèlement à ces initiatives, le gouvernement incite les professions bois à partager un «plan de filière feuillus» pour mieux valoriser cette part essentielle de notre ressource nationale et à organiser une filière bois plus simple et plus efficace en examinant la possibilité de fédérer toute une interprofession. Nommé en juillet 2020 à la tête du ministère de l'Agriculture et de l'Alimentation, Julien Denormandie a immédiatement renouvelé les objectifs du contrat stratégique de la filière en incitant à accélérer le pas: «Il faut développer la construction de logements, d'écoles et d'immeubles de bureaux en bois pour permettre de réduire l'empreinte carbone des bâtiments, réduire les coûts de construction et valoriser la ressource forestière française, c'est une attente de nos concitoyens.»

Aujourd'hui, force est de constater qu'en dépit de l'amoncellement des initiatives de l'État et des actions de la filière bois, la relance de ce secteur industriel peine à décoller, ses quatre ministères de tutelle – Économie, Agriculture, Environnement et Logement – l'obligeant souvent à louvoyer entre des stratégies efficientes et des objectifs parfois divergents. C'est l'une des faiblesses de la filière bois dénoncée par la Cour des comptes à l'été 2020, qui épingle au passage son déficit chronique[1] ainsi que le manque d'articulation entre les organisations interprofessionnelles de l'amont et de l'aval de ce secteur. Insuffisamment adaptée à son marché, l'industrie de la première transformation du bois contraint l'industrie de la deuxième transformation à importer des sciages et des bois élaborés. En un mot, la filière bois exporte beaucoup de bois brut et importe de plus en plus de produits transformés.

D'évidence, la recherche de marchés porteurs lui permettrait de mieux valoriser les ressources forestières résineuses et feuillues sur le territoire national et de moderniser les industries de la filière, si tant est que l'on encourage la recherche de nouveaux usages du bois et de nouveaux types de constructions, logements collectifs, bureaux et bâtiments industriels.

Pourquoi la construction bois est-elle encore qualifiée «d'innovation de rupture» en 2020? Le dernier retour d'expérience de l'Agence qualité construction (AQC) effectué dans le cadre du programme Pacte[2] trouve un début de réponse dans une étude menée sur 25 opérations bois (d'une hauteur inférieure à 28 mètres) interrogeant 80 acteurs impliqués dans leur construction. Même si de nombreuses avancées ont été réalisées depuis le lancement du programme Pacte en 2015, notamment dans le champ réglementaire où la prise en compte du bois n'était pas au niveau, il semblerait que de gros progrès restent à faire pour familiariser l'ensemble des acteurs avec ce mode constructif qui secoue les habitudes liées aux matériaux traditionnels. Le Comité stratégique de la filière ne dit pas autre chose: «construire bois» implique de «réfléchir bois».

En effet, l'intégration la plus en amont possible des savoirs tournés vers le matériau biosourcé signe, ou non, le succès d'une opération bois. La phase de conception est certes plus longue que lors d'un programme classique, mais l'effort est contrebalancé par un chantier plus rapide. Dans son étude, l'AQC souligne que les obstacles techniques sont peu à peu en train d'être levés, mais elle note que «les coûts d'études et la conception d'immeubles bois de belle hauteur peuvent nécessiter le recours à des techniques peu courantes entraînant potentiellement une surprime d'assurance dommages-ouvrage ou décennale». Au regard de ces informations, le secteur bois d'œuvre est pour l'instant surtout poussé par les groupes les plus importants du BTP disposant de davantage de moyens. Une fois ces obstacles techniques écartés et les procédures passées en technique courante, ce savoir-faire pourra se diffuser au sein du tissu des PME. C'est le vœu des professionnels de la filière bois.

1   En 2019, le déficit commercial français de la filière bois a atteint le niveau record de 7,37 milliards d'euros en hausse de 7,8 % par rapport à 2018 (source Usine Nouvelle du 11 décembre 2020). Les importations ont progressé de 1,2 % sur un an (17 milliards d'euros), tandis que les exportations (9,5 milliards d'euros) étaient en repli de 3,4 %. Le déficit commercial des sciages résineux représente à lui seul près de 513 millions d'euros, un chiffre en augmentation de 14 % depuis 2017 (source: Cour des comptes, mai 2020).
2   Le Pacte (Programme d'action pour la qualité de la construction et la transition énergétique), lancé en 2015 par les pouvoirs publics, accompagne la nécessaire montée en compétence des professionnels du bâtiment dans le champ de l'efficacité énergétique.

6   Le bois d'œuvre: un produit technologique

Le bois d'œuvre est à la fois un matériau écologique et un produit high-tech: en d'autres termes, il passe de l'état de matière première à un état transformé après avoir été traité pour être utilisé dans les filières industrielles sous forme de «produit».

Le développement des outils industriels numériques a permis la renaissance du bois de construction qui s'est appuyée sur la transformation de résineux en lamellé-collé et lamellé-croisé baptisé CLT (Cross Laminated Timber). Issues essentiellement du pin sylvestre (épicéa, mélèze ou Douglas), les lamelles de bois identiques (entre 3 et 4 centimètres) sont préalablement séchées puis assemblées en disposant les fibres de manière artificielle. Les systèmes d'aboutage du lamellé-collé et de superposition du lamellé-croisé permettent d'obtenir des sections importantes qui assurent une résistance et une stabilité plus performantes et tout à fait adaptées à la construction de bâtiments de moyenne et grande hauteur ou de grande portée. Dans les dimensions hors normes, certains projets utilisent des lamellés-collés de plus de 100 mètres de long.

Cette technique consiste à gommer les aspérités du matériau brut – nœuds, fentes, cintrage – dans l'optique de préparer la pièce de bois à une découpe de précision numérique qui lui donnera la dimension souhaitée. Cette standardisation du matériau autorise la préfabrication d'éléments sur mesure adaptés à la structure ou à l'ossature du bâtiment.

La majorité des lamellés-collés et lamellés-croisés usinés en France provient de Scandinavie, ce sont des bois du Nord à chair dense en raison de leur croissance lente durant de longs hivers sous un climat très froid et constant. Cette caractéristique septentrionale garantit des troncs rectilignes avec peu de défauts, la précision des machines à commande numérique requérant des bois ou des panneaux de bois très calibrés et standardisés, pour la plupart reconstitués.

Ces procédés techniques changent la nature de la matière brute grâce à des transformations industrielles polluantes. Ces bois «nouvelle génération» sont traités avec des adjuvants chimiques afin d'éliminer toute présence d'insectes xylophages ou de champignons lignivores. Comme les colles utilisées pour l'assemblage, ces produits de traitement perdent de leur nocivité au fil des progrès de la chimie, mais ils n'en restent pas moins sujets à caution. Le traitement biosourcé commence néanmoins à faire son apparition chez certains scieurs, c'est notamment le cas de l'entreprise Bois du Dauphiné (BDD) située dans la périphérie de Grenoble, l'un des cinq plus gros industriels français.

La filière bois est placée sous la tutelle de quatre ministères, Agriculture, Économie, Environnement, Logement. En 2014, la filière bois est devenue la quatorzième filière stratégique française (CSF Bois), pour la première fois elle est reconnue à l'égal des autres filières industrielles stratégiques (automobile, aéronautique). Elle représente 60 milliards de chiffre d'affaires et 440 000 emplois directs et indirects, soit 1,7 % de l'emploi en France (plus que le secteur automobile avec 285 000 emplois).

Filière amont
France Bois Forêt est l'interprofession nationale créée le 8 décembre 2004 sous l'égide du ministère de l'Agriculture en charge des forêts, elle regroupe 24 organisations professionnelles (du bûcheron au constructeur bois en passant par l'agent forestier, l'opérateur de reboisement, le charpentier, le menuisier, l'ébéniste, le designer). Ses membres sont les communes forestières, FranSylva (Fédération nationale des syndicats de forestiers privés de France), l'ONF (Office national des forêts), le SNPF (Syndicat national des pépiniéristes forestiers), l'EFF (Experts forestiers de France), les entreprises du paysage, l'UCFF (Union de la coopération forestière française), le GIE-Semences-Forestières-Améliorées, la Fédération Nationale du Bois (FNB), la Fédération des Bois Tranchés, le Syndicat National des Industries de l'Emballage léger en bois (SIEL). Elle fédère une interprofession appelée FIBOIS (13 antennes régionales et départementales).

Filière aval
France Bois Industries Entreprises (FBIE) est le partenaire du Comité national pour le développement du bois (CNDB) et de l'Institut technologique FCBA. Reconnue par les ministères de l'Agriculture, de l'Industrie, du Logement et de l'Écologie, cette filière promeut une stratégie globale pour développer son potentiel économique et la création d'emplois tout en produisant des services environnementaux fondamentaux. FBIE est l'animateur du Comité stratégique de la filière bois (CSF Bois) créée en 2014 au sein du Conseil national de l'industrie (quatorzième filière stratégique nationale). FBIE représente les organisations professionnelles de l'aval du secteur forêt bois et rassemble les syndicats et unions professionnelles du secteur de la transformation : pâte cellulose, construction bois, ameublement et commerce du bois. FBIE regroupe 240 000 emplois répartis sur le territoire national et génère 40 milliards d'euros de chiffre d'affaires. FBIE travaille avec France Bois Forêt et France Bois Région (les interprofessions régionales).

ADIVbois est une association qui pilote des projets d'intérêt national depuis 2015. Elle regroupe l'ensemble des acteurs mobilisés en faveur de la filière bois, tant pour la construction que pour l'ameublement intérieur, ainsi que leurs organisations professionnelles, mais aussi et surtout des maîtres d'ouvrage publics et privés, des architectes, des bureaux d'études, des promoteurs, des designers, des majors et des pôles de compétitivité. Le rôle d'ADIVbois est de transformer des idées innovantes en marchés porteurs. Actuellement, cette association fait émerger 48 projets démonstrateurs sur 13 sites : Dijon, Paris Porte de Vanves (RIVP), Paris-Rive Gauche (Semapa), Paris (Paris Habitat), Saint-Étienne (Ilot Soulié), Saint-Etienne (Ilot Poste Weiss), Toulouse, Angers, Grenoble, Le Havre, Le Mans, Saint-Herblain, Métropole Strasbourg (Ostwald).

FCBA : laboratoire de certification, cet Institut technologique du bois apporte des solutions rationnelles et optimisées sur le plan technique et économique. C'est une cellule de recherche et développement, de création de valeur, dotée d'un budget de 30 millions d'euros.

Le Comité national pour le développement du bois (CNDB) est une association à but non lucratif, un centre de ressources et de formation (construction en bois de logements collectifs ; rénovation avec le bois et matières biosourcées ; conduite d'un projet bois ; publications et conférences). Son rôle est de promouvoir l'utilisation du bois en communiquant sur ses atouts et ses différents usages par l'accompagnement et l'information destinés aux 40 000 acteurs de la maîtrise d'œuvre et de la maîtrise d'ouvrage qui représentent l'écosystème du CNDB. Membre actif de la filière bois, il accompagne et soutient les organisations professionnelles dans la création et la transmission de leurs messages auprès des professionnels et du grand public.

La première transformation du bois compte aujourd'hui un peu moins de 1 500 scieries en France [1] contre 15 000 en 1960 et 5000 en 1980 et concerne 18 500 salariés [2] ; 8 millions de mètres cubes de sciages ont été produits en 2016 (83 % de résineux et 17 % de feuillus). La deuxième transformation du bois consiste à conférer une valeur ajoutée aux produits bois issus de la première transformation et à les mettre à disposition des consommateurs sous forme de panneaux de construction, de meubles, de parquets et de bardages.

1   Source : David Caillouel, « Opinion. Il faut sauver les scieries françaises ! », in *Les Échos*, 18 février 2020
2   Source : manageo.fr

Schéma d'ensemble de la filière bois

Données en Mm³ : répartition de la récolte annuelle moyenne de bois de 59,9 Mm³ de bois rond en 2005-2011, établie par Agreste-SSP
Données en % : répartition des surfaces forestières françaises selon leur propriétaire

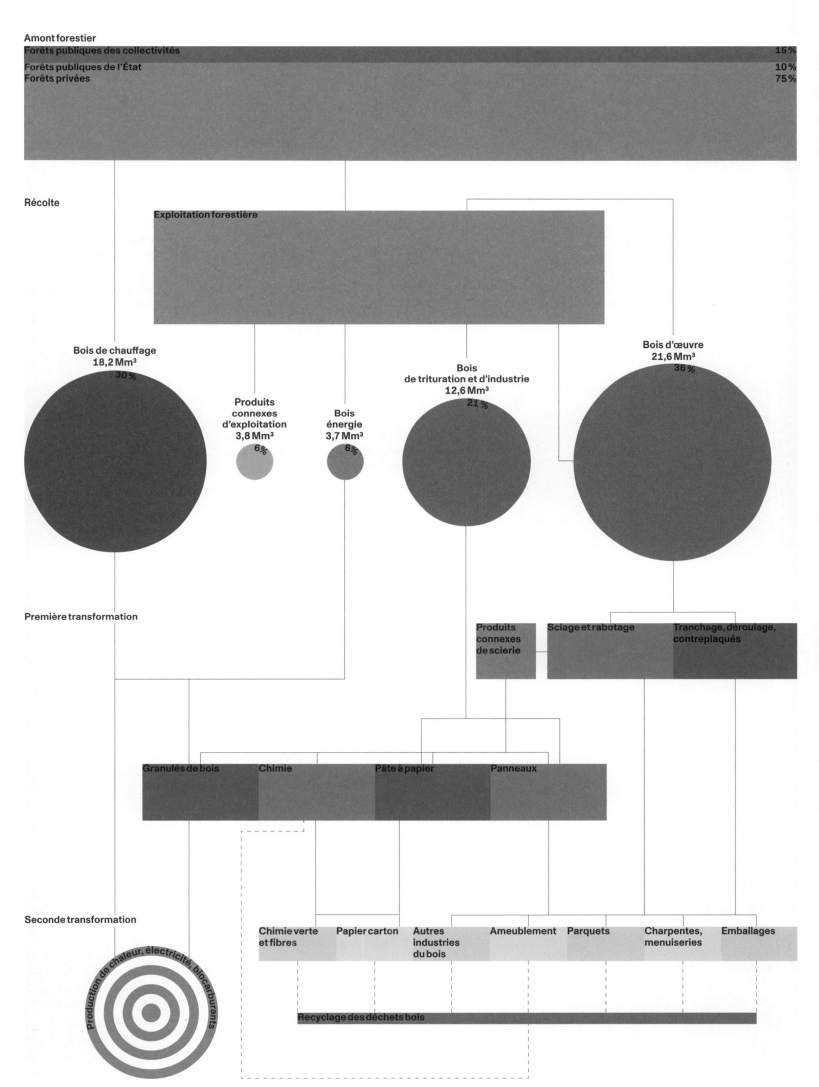

Amont forestier

Forêts publiques des collectivités — 15 %
Forêts publiques de l'État — 10 %
Forêts privées — 75 %

Récolte

Exploitation forestière

Bois de chauffage
18,2 Mm³
30 %

Produits
connexes
d'exploitation
3,8 Mm³
6 %

Bois
énergie
3,7 Mm³
6 %

Bois
de trituration et d'industrie
12,6 Mm³
21 %

Bois d'œuvre
21,6 Mm³
36 %

Première transformation

Produits
connexes
de scierie

Sciage et rabotage

Tranchage, déroulage,
contreplaqués

Granulés de bois

Chimie

Pâte à papier

Panneaux

Seconde transformation

Production de chaleur, électricité, biocarburants

Chimie verte
et fibres

Papier carton

Autres
industries
du bois

Ameublement

Parquets

Charpentes,
menuiseries

Emballages

Recyclage des déchets bois

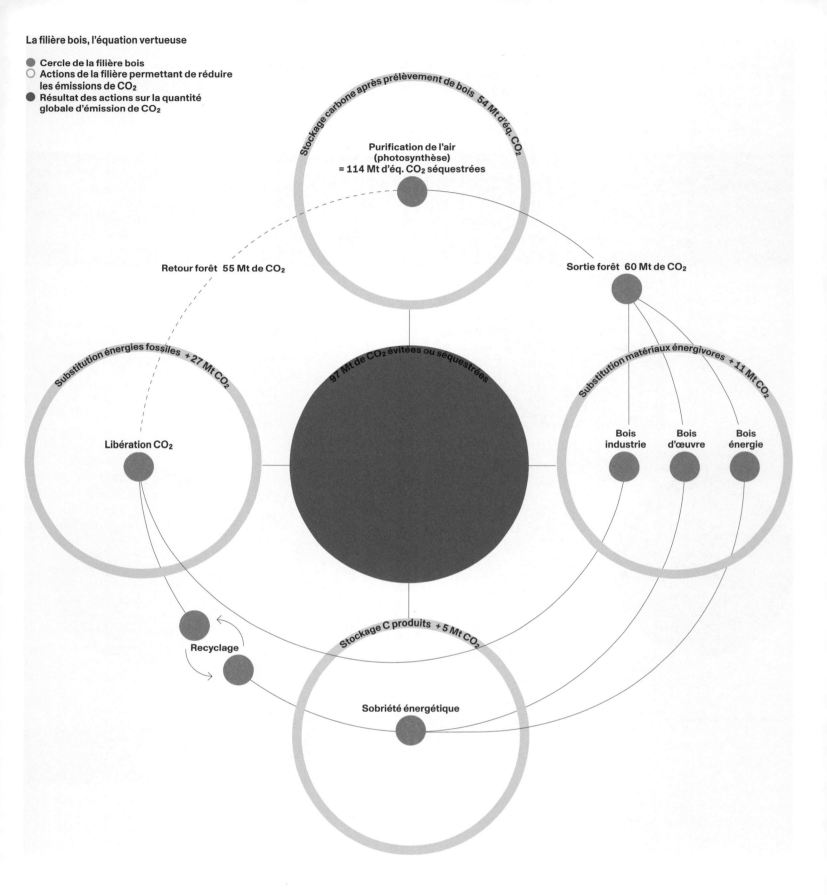

La filière bois, l'équation vertueuse

- Cercle de la filière bois
- Actions de la filière permettant de réduire les émissions de CO_2
- Résultat des actions sur la quantité globale d'émission de CO_2

Stockage carbone après prélèvement de bois 54 Mt d'éq. CO_2

Purification de l'air
(photosynthèse)
= 114 Mt d'éq. CO_2 séquestrées

Retour forêt 55 Mt de CO_2

Sortie forêt 60 Mt de CO_2

Substitution énergies fossiles + 27 Mt CO_2

Substitution matériaux énergivores + 11 Mt CO_2

97 Mt de CO_2 évitées ou séquestrées

Libération CO_2

Bois
industrie

Bois
d'œuvre

Bois
énergie

Recyclage

Stockage C produits + 5 Mt CO_2

Sobriété énergétique

Le programme national de la forêt et du bois (PNFB) 2016-2026 introduit par la loi d'Avenir pour l'Agriculture, l'Alimentation et la Forêt (13 octobre 2014) fixe les orientations de la politique forestière en forêt publique et privée en métropole et en outre-mer (+ 12 millions de m³ de bois récoltés en 10 ans). Il est issu d'une large concertation avec l'ensemble des parties prenantes de la filière bois. Après que se soient exprimés le Conseil supérieur de la forêt et du bois (CSFB) et l'Autorité environnementale, celui-ci a été soumis à la consultation du public. Ainsi pour la toute première fois, la société civile française a été associée à la définition de la politique forestière de la nation.

Sur le site de Bordeaux-Boutaut, à proximité du quartier des Chartrons, le pôle des laboratoires bois se déploie dans un élégant bâtiment de verre et d'épicéa, véritable centre névralgique au service de la R&D de la filière bois, première et deuxième transformation. Ce centre technique national appelé FCBA (Forêt, Cellulose, Bois-construction, Ameublement) regroupe 110 collaborateurs et 150 partenaires scientifiques français, européens et internationaux qui réalisent des essais sur les matériaux et les composants de la construction bois. Son pôle construction est doté de deux missions d'accompagnement : l'une auprès des industriels dans le développement de leurs nouveaux produits ; l'autre auprès des acteurs de la ville – maîtres d'ouvrage publics et privés, bailleurs sociaux, promoteurs, collectivités territoriales, établissements publics (tels Euratlantique à Bordeaux et Epamarne territoire démonstrateur du Grand Paris) – dans leur volonté de développer ce mode constructif.

De la génétique à la bioéconomie, de la construction de grande hauteur (WoodRise) à la réhabilitation d'immeubles anciens, FCBA concentre ses activités sur les innovations qui augmentent les performances et les capacités mécaniques de cette matière biosourcée. En témoigne son tout dernier équipement, une plateforme de 36 m² capable de reproduire 3,8 fois le séisme le plus important pouvant affecter le territoire français. Les premiers crashs tests confirment ce qui est établi au Japon : la construction en bois résiste aux tremblements de terre, mais aussi aux incendies. L'agrandissement récent de son site bordelais lui permet de tester en extérieur la durabilité du bois ignifugé et la qualité acoustique de ce matériau à présent très prisé dans les projets d'aménagement.

Observateur de l'évolution de la filière bois depuis plusieurs années, Patrick Molinié, responsable développement construction à FCBA, dresse le bilan de ce secteur industriel et de ses perspectives au travers des projets de cet institut de recherche.

La construction bois se développe dans les villes, quels sont les signes de cet engouement?

Patrick Molinié

Depuis 2020, le bois dans la construction est en train de passer à la vitesse supérieure, c'est un effet rebond des Accords de Paris de 2015. La puissance de l'État et celle de l'Europe se conjuguent pour engager des actions en faveur de la transition écologique, et les établissements publics d'aménagement traduisent ces politiques nationales sur les territoires, et principalement dans les villes. Cet état d'esprit se diffuse et tout le monde se pose désormais la même question : « Suis-je vertueux ou pas ? » L'énergie verte gagne du terrain, et les banques elles-mêmes commencent à transférer leurs financements énergie fossile vers de nouveaux modèles économiques qui poussent au montage d'opérations bois. Nous assistons en ce moment à une mutation totale, et les métropoles en sont le principal moteur.

Pourquoi la filière bois est-elle éclatée?

La filière bois couvre un grand nombre d'acteurs – les scieurs, les transformateurs, les charpentiers, les tonneliers, les fabricants de pâte à papier et d'emballages –, contrairement à la filière béton, matériau unique, qui a ses majors dans le BTP. Ainsi, dans le bois, il n'y a pas d'équivalent de Bouygues ou d'Arcelor. Autre point important, les secteurs bois sont interdépendants, sauf qu'un fabricant de lamellé-collé peut très bien travailler avec des fournisseurs de matière première originaires de l'Europe du Nord. Pourquoi? Parce que, depuis cinquante ans, la France a fait des choix stratégiques, elle a misé sur le nucléaire, le gasoil, le béton ou le TGV, de sorte que la filière bois a récupéré le maigre marché qu'on avait bien voulu lui laisser. Notre stratégie s'est largement différenciée de celle des pays du nord de l'Europe qui ont conservé le bois comme un élément fort de leur économie, moyennant quoi nos scieries ont décliné par manque de contrats, le marché de la construction faisant la part belle au béton. Pendant ce temps-là, une société familiale comme Binder en Allemagne grossissait au point que son marché est désormais devenu mondial.

Quelles en sont les conséquences?

La France a mis en sourdine son industrie bois, et maintenant que le marché se réveille, il n'y a pas suffisamment de produits français compétitifs, nos PME sont sous-capitalisées et ne peuvent pas s'offrir des unités de fabrication à 60 millions d'euros. L'Allemagne a mis quarante ans pour arriver à son stade de production actuel, et nous voudrions qu'en France, en si peu de temps, nous inversions la donne : c'est tout simplement impossible. Nous avons pourtant l'une des plus grandes forêts d'Europe, notamment pour le pin maritime, ce n'est donc pas une question de géographie, mais de stratégie. En Nouvelle-Aquitaine, il existe des leaders de la pâte à papier et de l'emballage, mais pas encore dans le bois de construction au motif que les valorisations de ce matériau sont orientées vers d'autres marchés. Mais la situation évolue.

Nous sommes un pays de feuillus, peu employés pour la construction qui réclame du résineux : est-ce le problème?

Tout dépend des usages. Le feuillu correspond initialement à celui de l'ameublement, mais il est aujourd'hui insuffisamment valorisé notamment parce que, pour sortir ces bois de la forêt, il faut avoir des scieries adaptées : on ne scie pas un gros chêne comme un pin du Nord longiligne. En outre, les structures principales en construction bois ne sont pas en chêne mais en épicéa, et le bois dans la ville est essentiellement du lamellé-collé ou croisé fabriqué actuellement à partir de résineux. Il y a également un problème critique d'échelle. À titre d'exemple, en France, nous consommons environ 250 000 m³ par an de bois lamellé-collé, or la plus grosse entreprise sur notre territoire en produit 60 000 m³ par an, quand la société allemande Binder est en capacité d'en produire 300 000 m³ à destination du marché mondial.

Certaines entreprises françaises relèvent-elles le gant?

En dépit de cette situation, la France commence à rattraper son retard industriel puisque des entreprises comme Sève et Piveteau, par exemple, engagent des investissements majeurs pour valoriser le bois français et évoluent vers une approche intégrée de la filière comme on le voit dans le nord de l'Europe. C'est-à-dire des scieries qui peuvent fournir à la fois du bois massif, du lamellé-collé, du bois de menuiserie, du bois énergie ou de la biomasse. Leurs bois sont valorisés en fonction des usages, cette multitude de produits rentabilise leur économie, et c'est justement cette dimension qui nous manquait.

En d'autres termes, nous n'étions pas assez équipés pour rivaliser avec les leaders européens. Mais cela aussi est en train de changer : le Programme d'investissements d'avenir (PIA4) qui vient d'être lancé va permettre à la filière bois française de monter en puissance avec plusieurs appels à projets dédiés à la redynamisation industrielle de la filière.

Sommes-nous tributaires des pays européens?

Nous en sommes encore tributaires dans plusieurs secteurs, mais cela évolue avec la multiplication de démarches visant à utiliser le bois français. Et plus on donnera au bois une visibilité sur le marché de la construction, plus les acteurs français auront la capacité d'y répondre favorablement et de se réorganiser. Par exemple, dans ce contexte, Mathis, une entreprise de charpente lamellé-collé, a fait évoluer son offre pour se positionner sur les marchés du logement et du tertiaire bois. Autre élément important, la mixité des matériaux caractérise la ville de demain, et cela se traduit par des collaborations et des rapprochements entre acteurs du bâtiment comme le groupe Briand, acteur majeur dans l'ouest de la France de la filière métal qui a intégré deux industriels du bois lamellé-collé. Ces rapprochements entre PME et groupe sont aussi importants car ils permettent aux structures de taille réduite de bénéficier de compétences en ingénierie devenues indispensables du fait de l'évolution des marchés vers des ouvrages de plus en plus techniques. De manière générale, dans ce contexte, la collaboration devient essentielle pour disposer d'une force de frappe suffisante en ingénierie.

Quels sont les majors qui se regroupent?

Les grands majors, tels que Vinci, Bouygues, Eiffage, ont des stratégies différenciées vis-à-vis des acteurs de la filière qui se traduisent par le rachat ou la mise en place de collaborations privilégiées avec des entreprises de la filière bois. Par exemple, Vinci a créé Arbonis il y a plusieurs années en intégrant trois entreprises de la filière bois. De son côté, Eiffage développe la filière sèche en intégrant Savare, expert de la construction bois, lequel a préparé dans ses ateliers durant la pandémie les structures de la tour Hypérion à Bordeaux ; dès le déconfinement, tous les éléments ont été levés en usine pour être livrés sur le chantier. Ces rapprochements sont de haute qualité, le but est de garder la philosophie de l'entreprise tout en l'adaptant à la demande. Les grands groupes ont la capacité des entreprises générales, ils sont adjudicateurs des marchés et, pour accroître leur développement, ils intègrent de plus en plus de compétences en ingénierie bois.

FCBA donne-t-il des certifications ou des réglementations?

Il faut préciser le propos. Les certifications sont des démarches volontaires permettant de garantir la qualité des produits sur la durée au travers des marques CTB, et en parallèle FCBA est un organisme notifié pour attribuer le marquage CE. À noter que, dans l'univers du bâtiment, on parle de réglementations pour la thermique, la sécurité incendie, l'acoustique, mais il n'existe pas de réglementation spécifique au bois car tout bâtiment est rattaché au respect des exigences essentielles pour un ouvrage. Chaque filière doit apporter les éléments de justification de conformité à chacune des réglementations en vigueur en ayant fait tous les essais *ad hoc*. Chaque réglementation est vouée à évoluer, comme la réglementation thermique qui, après la RT 2012, est devenue la RE 2020, laquelle entrera en vigueur prochainement. C'est donc l'une des nombreuses missions de FCBA d'accompagner la filière bois de façon collective ou individuelle et de répondre à toutes les exigences réglementaires.

Comment accompagnez-vous les innovations ?

L'innovation est souvent liée au développement d'un procédé par un industriel qui doit tout mettre en œuvre pour apporter les éléments attestant les performances de son produit avant sa mise sur le marché. Par exemple, nous avons accompagné Kaufman & Broad dans la mise au point des aspects sismiques et de vibration de la tour Silva, ou encore Techniwood pour ses façades industrialisées et préfabriquées, ainsi que des industriels qui développent de nouvelles solutions de planchers mixtes, bois/béton. Nous restons persuadés que le tout béton, ou le tout métal, ou le tout bois n'est pas la solution idéale et que la mixité des matériaux semble être une meilleure solution pour aller chercher des performances optimales selon trois critères – technique, économique, environnemental.

Le bois est présent dans les tours de plusieurs étages, quelles en sont les conséquences ?

Les constructions bois de moyenne et grande hauteur représentent un phénomène international depuis quelques années. Pour FCBA, il était important de connecter les entreprises et les techniques afin de démontrer que le bois dans la ville pouvait contribuer à bâtir des immeubles de plusieurs étages. Nous avons décidé d'organiser en septembre 2017 à Bordeaux la première édition du congrès mondial de la construction bois, baptisé WoodRise, autour de la thématique « Les immeubles bois de moyenne et grande hauteur pour des villes bas-carbone ». À cette occasion, un consortium de centres de recherche et d'innovation internationale a été officialisé avec au départ six pays signataires du *memorandum of understanding* (MOU), symbolisant l'engagement à collaborer pour lancer des programmes de R&D sur la thématique du bois dans la construction et l'aménagement. Aujourd'hui, cette « alliance » réunit 23 pays. Après Bordeaux, WoodRise s'est déplacé à Québec en 2019 afin de poursuivre la diffusion de l'information dédiée aux professionnels de la filière construction, maîtres d'ouvrage, constructeurs, architectes, fabricants de produits et institutionnels. En fédérant des acteurs de la construction, WoodRise est devenu une marque représentant l'innovation technologique, la construction durable et la qualité de vie. La prochaine étape sera l'organisation de la troisième édition à Kyoto en octobre 2021, avec un retour du congrès à Bordeaux en 2023. En parallèle du congrès international, nous avons développé à partir de 2018 un événement davantage orienté vers le grand public : les Rencontres WoodRise. Cette manifestation progresse chaque année, et en 2020 nous avons eu le plaisir d'associer largement le monde de l'architecture en organisant à Bordeaux une exposition à Arc en Rêve en collaboration avec la Villa Médicis, l'Académie de France à Rome. En 2021, nous poursuivons l'aventure avec la Villa Médicis à travers un projet de mobilité étudiante associant 300 lycéens issus de 10 lycées professionnels de la filière bois de la Nouvelle-Aquitaine. Nous travaillons avec le Campus des métiers forêt-bois et les équipes du conseil régional de Nouvelle-Aquitaine et de la Villa Médicis à la finalisation d'un programme pédagogique à destination de lycéens afin d'aboutir, au printemps 2022, à l'organisation d'une résidence professionnelle d'une semaine à la Villa Médicis.

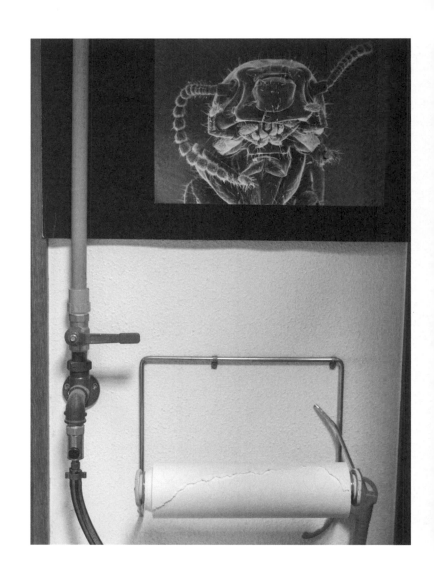

À propos des images

123 h.   **Laboratoire Acoustique, cellule de tests**
FCBA dispose de trois cellules de grand volume permettant des mesures d'isolation ou d'absorption acoustique. Ces propriétés permettent d'évaluer les performances de l'ensemble des produits de la construction (menuiseries, parois, sols, …).

123 b.   **Laboratoire de Mécanique, zone de stockage**
Ce laboratoire évalue les propriétés mécaniques des matériaux bois, à base de bois et connexes. L'étendue des dimensions des éprouvettes (échantillons) peut aller de quelques centimètres à plusieurs mètres.

124   **Laboratoire de Mécanique, test de glissance**
Les revêtements de sol sont évalués sur la base de plusieurs critères, dont celui de la glissance. L'image présente un pendule équipé de son patin permettant de faire le test.

125 h.   **Laboratoire de Mécanique, conditionnement climatique**
Les propriétés physiques du bois évoluent en fonction de l'humidité. Ce conditionnement permet de faire une évaluation sur la base d'une référence stable et commune à tous les laboratoires.

126   **Laboratoire de Mécanique, éprouvettes de contreplaqués après essais**
La qualité des contreplaqués sous marque CTB est contrôlée régulièrement. Les échantillons présents sur la photo ont subi des essais de cisaillement au niveau des plans de collage après immersion dans l'eau.

129 h.   **Laboratoire de Mécanique, machines d'essais de flexion**
Cette machine permet de qualifier la résistance des bois en flexion. Elle se compose d'un bâti, de deux vérins hydrauliques et d'une électronique de pilotage (régulation des vérins).

129 b.   **Laboratoire de Biologie, éprouvettes de bois dégradées par des insectes**
Pour appréhender au mieux le comportement des termites face au bois, le laboratoire dispose d'un élevage de termites représenté sur cette photo.

130   **Laboratoire de Mécanique, essai de flexion sur bois massif**
Ce test permet d'évaluer la capacité portante de poutres bois.

131 h.   **Laboratoire de Séchage, intérieur du séchoir**
Pour être utilisés en construction, les bois doivent être secs. Cette installation expérimentale permet de définir les protocoles de séchage propre à chaque essence (espèces d'arbres). Elle permet également de travailler sur l'amélioration continue des performances énergétiques sur les protocoles existants.

131 b.   **Laboratoire de Mécanique, dalle d'essai**
Cette photo représente la partie basse d'une machine où sont fixées les éprouvettes (échantillons).

132 h.   **Laboratoire Acoustique, cellule de test d'absorption**
Pour réaliser les essais acoustiques, il est nécessaire de disposer d'une cellule d'essai, mais également d'une source sonore et de capteurs de réceptions, les deux visibles sur cette photo.

132 b.   **Laboratoire de Mécanique, conditionnement climatique**
Enceinte climatique de grande dimension permettant un conditionnement avant essais.

133   **Laboratoire de Biologie, analyse après attaque d'insecte xylophage**
Chaque échantillon soumis aux attaques d'insectes est analysé afin d'évaluer quelle est la meilleure stratégie de défense.

134   **Laboratoire de Mécanique, enceinte climatique**
Vue d'une enceinte climatique et de son contenu.

135 h.   **Laboratoire de Biologie, vue d'une représentation macroscopique d'un insecte**
Les laboratoires du FCBA travaillent sur plusieurs thématiques : mécanique, feu, acoustique, vieillissement, séchage, chimie et biologie.

135 b.   **Laboratoire de Mécanique, essai sur éléments de structure**
Une structure bois se compose de poutres et d'assemblages, ce test permet d'évaluer l'interaction des deux éléments de base, au niveau de la résistance et de la déformation. L'objectif étant de fiabiliser le code de calcul Européen.

137 h.   **Laboratoire Feu**
Essai de réaction au feu (SBI) sur des éléments de second œuvre.

137 b.   **Laboratoire de vieillissement**
L'objectif de cet essai est de mesurer le vieillissement soit de peintures soit d'autres éléments type joint. La roue fait un tour toutes les 24 heures en alternant sur la partie basse une immersion dans l'eau et sur la partie haute une forte exposition aux UV.

139   **Laboratoire de Mécanique, vue extérieure du laboratoire**
La construction du laboratoire fait la part belle à l'utilisation du bois, mais aussi aux autres matériaux (verre, acier, …).

Le bois caché

Un usage moins démagogique du bois est-il possible? C'est ce que laisse présager un nouveau type de constructions apparues ces dix dernières années et qui optent pour un usage mixte du bois. La coopérative Kalkbreite à Zurich, qui dispose de parois extérieures à ossature bois, est de celles-là. Le projet combine des logements, un dépôt de tramway et un parc public avec crèche. Ces trois éléments devaient coexister sur une parcelle réduite. Ils ont été superposés. Le hangar occupe le niveau du sol. Juste au-dessus se trouve le parc, avec tout autour les appartements des membres de la coopérative. Si le bois recouvert d'un crépi n'apparaît pas dans ce projet, il est majoritaire, seul le socle de la place surélevée étant en béton. Autre projet du même type: le Vortex de L'UNIL à Lausanne, conçu pour les Jeux olympiques de la jeunesse d'hiver de 2020 et reconverti depuis en logements étudiants. Là aussi, le bois est utilisé dans un usage mixte béton/bois. La structure unitaire hélicoïdale offrant plus de 700 logements est en béton, les cloisons sont toutes en bois. Le bois agit comme un paramètre modulable, capable d'apporter à l'ensemble l'adaptabilité dont il a besoin. Son usage témoigne d'une logique combinatoire qui, sans prétendre à l'exemplarité d'une structure où le bois serait majoritaire, n'en est pas moins déterminante pour la progression de l'usage du matériau. Kalkbreite et le Vortex font partie de ces projets qui, sans chercher à surjouer leur composition biosourcée, font un usage pragmatique du bois. Ce dernier est moins convoqué pour ses vertus iconiques que pour sa réelle capacité à constituer et à fournir des solutions pour des environnements performants à moindre coût. L'usage dissimulé, structurel ou combinatoire du bois aurait finalement autant d'impact, si ce n'est plus, que son utilisation démonstrative et iconique qui l'affiche comme un parti pris. Moins visible, cette conception serait en train de modifier en profondeur son rôle dans la construction. En Suisse, en Autriche et en Allemagne, on ne compte plus les projets qui font le choix d'un usage combinatoire du bois. On les remarque d'autant moins que le bois est souvent dissimulé, contribuant discrètement à la performance et à la qualité architecturale des projets concernés.

Tout encourageante qu'elle est, cette tendance reste en deçà du véritable basculement écologique et sociétal que pourrait représenter l'usage du bois dans la construction. Notre approche n'est pas encore celle qui conditionnerait la forme du bâti à ses enjeux écologiques, ni la forme des villes à l'écosystème productif qui les génère. Nous ne sommes pas encore arrivés à ce stade où le matériau des villes pousserait dans des milieux dont la ville aurait la responsabilité; des villes où le bâti découlerait organiquement de la matière vivante dont elle prendrait soin. Nous n'avons pas encore atteint ce degré de cohérence où, dans un monde permettant de construire de manière intelligente à partir des arbres produits par sa propre commune, il ne serait plus nécessaire de transporter et de transformer le bois. Cette approche holistique n'est pas tirée d'un scénario de science-fiction. La technologie des assemblages bois/bois et du bois rond, portée par les chercheurs de l'Ibois, pourrait bientôt modifier le recours systématique à la standardisation du matériau. Le principe est assez simple: plutôt que de façonner le bois pour le rendre compatible avec un mode

À force d'entendre dire que le bois peut servir à construire des tours, on oublierait qu'il peut être aussi utilisé pour faire des constructions plus simples: maisons en bande, ponts piétonniers, surélévations, théâtres, écoles, et, à partir d'un bâti existant, toute une série d'ajouts et de modifications que la culture constructive vernaculaire confiait aux villageois – réparer, agrandir ou convertir au gré de ses besoins. Cette liberté peine à renaître aujourd'hui, malgré le retour en force du bois et l'émergence d'outils qui permettraient une généralisation de l'autoconstruction. C'est tout le paradoxe d'une époque qui se gargarise de la nouvelle tendance bois, mais pour qui le terme « tendance » est plus proche d'une mode que d'une orientation durable. Si le bois connaît un regain d'intérêt très prometteur, celui-ci ne s'appuie pas nécessairement sur les vertus du matériau et reste très en deçà de son potentiel écologique et sociétal. Pourquoi avoir à ce point manqué cette cible? Pourquoi, au lieu de l'envol escompté, ce décollage lourd et disgracieux? Quel serait le cap à suivre pour accompagner le renouveau de ce matériau dans tout son potentiel constructif?

La tour en bois est devenue l'objet fétiche par excellence du marketing immobilier, comme ont pu l'être auparavant les salles philharmoniques ou les musées, emblématiques dans leur aptitude à rendre attractif un urbanisme sur le papier. Les tours en bois sont les nouvelles réalisations exceptionnelles qui servent de vitrine pour vendre des nouveaux quartiers qui, eux, n'ont rien d'exceptionnel. Ces tours qui ne brûlent pas sont toutes d'excellents remèdes contre le réchauffement climatique. Performantes, elles mettent à contribution un matériau renouvelable qui aura capté du CO_2 pendant sa croissance. L'exemple de la tour Mjøstårnet, en Norvège, concentre tous les superlatifs. Culminant à 85 mètres, elle est la plus haute jamais réalisée exclusivement en bois. Elle est écologique, saine, ininflammable. Cette pluie d'éloges parvient même à noyer, sous leur flatteuse naïveté, la seule question qui mériterait d'être posée: que vient faire une tour dans un cadre paysager lacustre, à la périphérie d'une petite ville de moins de 10 000 habitants? Pourquoi construire aussi grand dans un environnement de faible densité et de développement maîtrisé? À cette question essentielle restée sans réponse se substitue l'argumentaire habituel sur les vertus inégalées du bois de construction: faible bilan carbone, légèreté de construction, qualité de vie, sécurité. L'architecture iconique questionne rarement sa propre raison d'être. Pourtant, certaines questions se révèlent plus difficiles à contourner. Les craintes toutes naturelles au sujet des incendies et du caractère contre-intuitif de

l'usage du bois dans des constructions en hauteur constituent un chapitre majeur de l'opération séduction en faveur de la tour. En 2019, lors des rencontres WoodRise à Genève, l'architecte Øystein Elgsaas venu parler du projet s'est longuement attardé sur les nombreux facteurs qui contribuaient à la sécurité incendie de la tour. Dans l'arsenal déployé pour rendre la tour plus sûre, il y a tout d'abord les poutres et les colonnes, dimensionnées pour que le feu se consume avant de venir à bout de leur résistance mécanique. À cela s'ajoutent un système de sprinklers et le traitement des parties exposées, ou encore des bandes intumescentes qui protègent les chevilles d'acier au sein des joints. Ces bandes comprennent un matériau qui se dilate lorsqu'il atteint une température de 150° C, protégeant ainsi les joints métalliques. C'est une combinaison de facteurs mécaniques, d'agents chimiques et de solutions technologiques qui contribue au résultat escompté. Dans le film de communication de l'agence Voll, l'argumentaire est différent. Un ingénieur incendie affirme, sur un ton confidentiel, être parfaitement serein sur la résistance au feu de l'édifice dont il assure la sécurité. Attisant lui-même un feu de camp sous un ciel étoilé, le jeune homme se veut rassurant: l'épaisseur des poutres est telle que le feu s'éteint avant qu'elles ne brûlent. Le traitement du bois n'est plus évoqué, ni les bandes intumescentes qui protègent les joints métalliques. Le contournement du versant chimique et technologique de la protection incendie rappelle la pratique du Clean Label dans l'industrie agroalimentaire. On met l'accent sur les avantages, on renomme les inconvénients et on purge la liste des ingrédients de tout ce qui effraye le consommateur. Dans le cas de la tour, les ingrédients à éviter ne sont pas les exhausteurs de goût, mais les retardateurs de flamme, d'importants perturbateurs endocriniens présents dans les textiles, le mobilier domestique et les produits ignifuges. Pour démontrer le caractère écologique de la tour, il est préférable de ne pas trop s'attarder sur la composition chimique des matériaux qui entrent en jeu dans sa fabrication. Plus globalement, la tour Mjøstårnet est symptomatique de l'absence de vision globale lorsqu'il s'agit de promouvoir le bois comme matériau de construction. Au lieu de laisser le bois fixer son propre agenda, au lieu de laisser émerger de nouvelles typologies urbaines qui découleraient structurellement du choix du matériau, on se contente de substituer le bois au béton et à l'acier. On remplace un matériau par un autre sans chercher à comprendre comment le bois pourrait révolutionner non seulement les modes de production urbains, mais surtout le déséquilibre économique que la ville entretient depuis des siècles avec la campagne.

constructif standard, il consiste à numériser une grume en 3 dimensions (fig. 1) pour en tirer les éléments d'un ensemble à bâtir. Des joints taillés sur mesure (fig. 2) permettent ainsi de transformer n'importe quel tronc en élément d'une structure unique. Au lieu de décomposer puis de recomposer à l'aide de colles, il s'agirait d'élaborer la forme bâtie à partir des éléments organiques disponibles. L'objectif n'est pas de s'adonner à un nouveau baroque, mais de lancer une approche holistique capable de valoriser des éléments jugés aujourd'hui inutilisables.

Il est question de lier structurellement deux états perçus comme incompatibles : celui de l'arbre vivant et celui de l'élément de construction finalisé. Pour cela, il faut rendre acceptables certaines irrégularités formelles qui seront compensées par l'acte de composition. C'est un peu comme réapprendre à manger des pommes de tailles variées, au lieu de s'en tenir au calibrage et au gaspillage qui va avec. Ce qui nous manque encore, c'est peut-être la capacité à imaginer un habitat conçu en dehors des canaux étroits, financiers et normatifs, qui en conditionnent aujourd'hui la production. La fusion des démarches expérimentales de l'Ibois, avec les « permis de faire » imaginés par Patrick Bouchain en 2017, pourrait être le catalyseur d'une nouvelle approche holistique du rôle du bois dans la construction.

Fig. 1

Fig. 2

Le roman du Vorarlberg

suivi de
**La filière bois Isère :
vers une culture du bois partagée**

À LA RENCONTRE DES BAUKÜNSTLER

Cette nuit de septembre 2004, un groupe de voyageurs s'apprête à monter à bord d'un autocar sur la place de Verdun devant la préfecture de Grenoble. Il est 3 heures du matin. Direction : Dornbirn, capitale économique et industrielle du Vorarlberg, haut lieu de l'architecture contemporaine qui privilégie le bois dans la construction et la réhabilitation du patrimoine local. Six cents kilomètres séparent le Vercors de ce laboratoire urbain aux stratégies innovantes qui économisent matière et énergie.

Les voyages d'études organisés par Serge Gros, ex-directeur du CAUE-38 (Conseil en Architecture, Urbanisme et Environnement de l'Isère), sont connus pour être particulièrement chargés, et celui-ci ne déroge pas à la règle. Au programme, trois jours de découverte de cette partie du Vorarlberg située en bordure du lac de Constance, un territoire qui a été longtemps très pauvre avant de devenir le plus riche d'Autriche. L'écologie et le développement durable sont le moteur de ce Land autrichien dont l'essor commence dans les années 1980, quand une poignée d'architectes a fait émerger le mouvement des Vorarlberger Baukünstler : littéralement, les « architectes-artistes du bâtiment ». Issu d'une longue lignée de charpentiers, Hermann Kaufmann[1] a pris la tête de ce groupe de militants qui s'illustre par la mise en œuvre d'une architecture écoresponsable fondée sur le dialogue entre la population, les pouvoirs politiques locaux et les professionnels du bâtiment.

UNE AVENTURE COLLECTIVE

Dans l'autocar qui met le cap vers l'est se trouvent des maîtres d'œuvre conscients de l'avenir du bois dans la construction, des industriels, quelques élus locaux, mais aussi des charpentiers et des scieurs, qui sont descendus en pleine nuit de leurs montagnes, des « boiseux » levés tôt pour être à l'heure au rendez-vous. Les clans se forment. Tous ne sont pas de la même génération, les plus anciens ont vécu les grandes heures de la Résistance dans le Vercors et l'Autriche est pour eux une destination un peu particulière. Au fond de l'autocar, les conversations ne nouent à voix basses, on évoque l'écologie en devenir et son bras armé, l'or vert. Président du CAUE-38, Vice-Président du conseil départemental et maire de La Terrasse, petite commune du Grésivaudan, Georges Bescher prend la parole le premier. Ce fils de paysan, ingénieur méthode au Commissariat à l'Énergie Atomique, démarre bille en tête : « Si les maires ne sont pas porteurs d'une réflexion sur les enjeux écologiques de ce siècle, il ne se passera jamais rien », déclare l'élu.

« Avec Serge, nous levons les a priori sur le bois qui est un matériau de construction et non un style. Mais pour faire bouger les lignes, il faut articuler les actions et s'écarter des politiques politiciennes, sinon c'est plombé », renchérit Pierre Kermen, délégué à l'urbanisme et à l'environnement, tête de liste des Verts à Grenoble, tout juste nommé adjoint au maire socialiste de l'époque.

LES BOISEUX SONT SUR
LA MÊME LONGUEUR D'ONDE

« Pour viser les gros marchés de la construction, il faut quitter la charpente traditionnelle et passer au stade industriel ce qui demande du temps et de gros investissements », affirme Jean-Claude Mattio, PDG de la Société dauphinoise de charpente et de couverture (SDCC). C'est avec lui que Serge Gros crée en 1986 la filière Creabois, embarquant avec eux un forestier, l'OPAC et la Chambre régionale de Commerce. En précurseur, Mattio a déjà regroupé des scieries en perte de vitesse dans les Hautes-Alpes et en Isère. Il a modernisé ses outils de production par la découpe numérisée en 2D et en 3D, et a intégré à son entreprise un bureau d'études et des ingénieurs bois.

«Le point de départ, c'est la forêt, elle doit se régénérer dans de bonnes conditions et la sylviculture est une science difficile», explique Gérard Sauvajon, maire de Corrençon-en-Vercors, propriétaire forestier et gestionnaire de forêts privées, scieur expérimenté depuis toujours. «Dans ma pratique, je vais à la pêche aux arbres en faisant de la coupe de jardinage pour protéger les semis qui poussent tout seul, 150 m³ exploités en montagne c'est 500 en plaine. La philosophie du champ de maïs très peu pour moi!»

Pour l'architecte Serge Gros, cette première rencontre avec les maîtres d'œuvre et les artisans charpentiers autrichiens est pleine de promesses. Enseignant et chercheur à l'École Nationale Supérieure d'Architecture (ENSA) de Grenoble, il se consacre depuis des années à l'évolution de l'écoconstruction et, si l'exemple du Vorarlberg est une référence, il s'agit moins de le copier que de s'en inspirer pour réactiver les métiers du bois et les ressources forestières *in situ*.

Ces personnalités politiques et ces hommes de terrain, tous concernés par la frugalité du territoire et le respect de la nature, font bloc derrière Serge Gros, un homme apprécié pour son sens du collectif et son esprit de compétiteur. Ancien montagnard, moniteur de ski et de voile à ses heures de loisirs, il se dépense sans compter pour faire bouger le curseur de la construction bois, celle-là même qui pourrait revitaliser les scieries et les charpenteries locales fortes d'un savoir-faire séculaire. Tous ceux qui l'accompagnent partagent cette ambition, et se préoccupent comme lui de l'avenir sylvicole en termes économiques. Depuis que ce territoire a donné naissance au ciment à la fin du XIXᵉ siècle, toute la vallée s'est vue coloniser par ce matériau moderne qui a relégué le bois à l'habitat rural avant qu'il ne soit exporté en Italie pour être scié et transformé.

C'est là un paradoxe dans ce département le plus boisé de la région Rhône-Alpes alors que, de l'autre côté du massif alpin, le résineux fait la richesse de tout un Land. Et ce, en raison du combat de longue haleine mené par ces «architectes-artistes» qui ont démontré que le bois permettait «de simplement construire et de construire simplement» dans cette région cousine de l'Isère par sa géographie, mais quatre fois moins importante par sa population (350 000 habitants).

À l'évocation de ce voyage inaugural, Serge Gros livre le secret de ces déplacements: «Tout repose sur le métissage des équipes et l'élément déclencheur est de bosser ensemble dix heures par jour en faisant la fête et en se côtoyant.»

SUR LES PAS DE L'INSTITUT
FRANÇAIS D'ARCHITECTURE

À l'origine de ce rapprochement avec nos voisins européens, le travail mené en 2003 par Florence Contenay, présidente de l'Institut Français d'Architecture (IFA). Cheffe de mission de la future Cité de l'Architecture et du Patrimoine, elle décide de monter une exposition sur le développement durable et charge Marie-Hélène Contal, directrice adjointe de l'IFA, de traduire en expériences concrètes ce concept encore flou dans tous les esprits.

Après des investigations menées en Suède, en Allemagne et en Espagne, Marie-Hélène Contal découvre avec sidération ce qu'elle appelle le « foyer » autrichien : une quarantaine d'architectes qui s'appuient sur l'industrie traditionnelle du bois pour donner naissance à des bâtiments innovants à l'esthétique inédite, qui optimisent à la fois la maîtrise de l'énergie et une gestion durable de la ressource locale : le sapin blanc. Depuis 1980, un millier d'édifices ont été construits dans ce matériau et leur originalité autant que leur qualité témoignent d'un sens étonnant de l'« ordinaire ».

Sa rencontre avec Hermann Kaufmann a été décisive.

« Je le compare à un Auguste Perret du bois, dit-elle. Il est capable d'établir des solutions techniques et des certifications dans la conception d'éléments préfabriqués qui constituent l'ossature des bâtiments, et son but est d'introduire le bois dans les villes pour le hisser dans les hauteurs. »

Autrement dit, le maître d'œuvre autrichien et ses alliés ont fait la preuve d'une nouvelle grammaire architecturale fondée sur la valorisation des savoirs ancestraux par des outils à haute valeur technologique, les tenants et les aboutissants d'une économie constructive.

À Dornbirn, elle découvre la qualité des logements sociaux en structure acier/bois et des résidences collectives qui mettent l'habitat écologique à la portée de tous ; ces immeubles sont chauffés et alimentés en eau chaude par une centrale biomasse collective qui se fournit auprès de sept scieurs locaux. Et à Zwischenwasser, petite commune du district de Feldkirch, fief des Baukünstler, Marie-Hélène Contal est bluffée par un équipement municipal abritant sous un même toit une caserne de pompiers, une salle de musique et une école – leur œuvre manifeste qui promeut la mixité d'usage des lieux éducatifs ouverts le soir aux activités associatives et communautaires.

Hermann Kaufmann, Vorarlberg, juin 2007
© Photo : Marie-Hélène Contal

Paysage du Vorarlberg, juin 2007
© Photo : Marie-Hélène Contal

Gasthof Hirschen à Schwarzenberg, hôtel
restaurant (1756) agrandi dans les années 1990
© Photo : Marie-Hélène Contal

Lycée Bernardi – Kloster Mehrerau à Brégence,
livré en 1997 © Photo : Bruno Klomfar

L'innovation architecturale portée par les ressources locales et les circuits courts participe à la modernisation des industries de deuxième transformation. Marie-Hélène Contal le constate en se rendant dans la scierie familiale des Kaufmann construite par Hermann pour son père, charpentier par tradition familiale devenu l'un des leaders européens des « systèmes bois » inventés par son fils. Dans cette scierie-laboratoire, on teste les ossatures bois sur de grande hauteur et les produits manufacturés tels que moellons et parpaings fabriqués à partir de sciure, de liège et de terre.

Comment cette mutation industrielle a-t-elle pu être financée ? La directrice adjointe de l'IFA a trouvé la réponse auprès de Matthias Ammann, l'un des piliers de la Fédération du bois du Vorarlberg : l'adhésion de l'Autriche à l'Union Européenne en 1995 lui a servi de levier grâce aux fonds européens. Du moins cette manne a-t-elle permis aux élus du Land d'accorder des prêts bonifiés aux petites entreprises qui se risquaient à enrichir et diversifier leurs pratiques en s'associant à cette nouvelle génération d'architectes.

« Avec pragmatisme et rigueur, les Autrichiens ont pris à bras-le-corps les enjeux de la modernisation industrielle en valorisant les différents métiers du bois, analyse Serge Gros. De la gestion de la forêt aux techniques de séchage et de sciage jusqu'à la mise en œuvre, ils ont organisé une chaîne au plus près de l'intelligence de la matière, d'où le raffinement de leur architecture efficace et inégalée. »

POURQUOI PAS NOUS ?

En 2004, la Cité de l'Architecture et du Patrimoine coproduit avec le Vorarlberg Architektur Institut une exposition itinérante destinée à faire le tour des CAUE de l'Hexagone après avoir été inaugurée à Paris : « Une provocation constructive, architecture et développement durable au Vorarlberg ». Alertée par son Architecte Conseil, la DRAC (Direction régionale des affaires culturelles) Rhône-Alpes déploie des moyens importants pour que l'exposition tourne dans le département sous la houlette de l'Union régionale des CAUE. Dans le même temps, elle charge Serge Gros d'organiser un voyage dans le Vorarlberg avec Marie-Hélène Contal afin de diffuser ces avant-gardes urbaines par un dialogue fécond entre architectes et élus franco-autrichiens.

Manège d'équitation à Sankt Gerold,
livré en 1997 © Photo : Ignacio Martinez

Centrale de chauffage biomasse à Lech,
livrée en 1999 © Photo : Ignacio Martinez

Logements sociaux à Wolfurt, livrés en 2001
© Photo : Bruno Klomfar

Logements à Telfs, livrés en 2004
© Photo : Bruno Klomfar

151

Convaincu que le dépaysement du voyage est l'occasion de constituer des équipes de projets, le patron du CAUE 38 monte un premier voyage en Autriche, puis deux, puis huit. Chaque fois, il invite les maîtres d'œuvre de la région, mais également ses confrères grenoblois de l'ENSA, sans oublier les partenaires de la filière Créabois, les responsables politiques via le Cifodel (Centre d'information et de formation des élus locaux), les bailleurs sociaux et les promoteurs privés. Et chaque fois, les allers-retours vers Dornbirn font le plein.

« Le talent de Serge est de composer des groupes qui s'enrichissent mutuellement, la première table ronde a toujours lieu dans l'autocar, chacun explique les raisons de sa présence et les langues se délient », raconte Andrea Spoecker, germaniste et docteur en architecture. Polyglotte et grande connaisseuse des acteurs du Vorarlberg, elle a accepté d'être interprète et de gérer les contacts sur place, une mission qui va durer des années et s'étendre à toute l'Europe.

Longtemps, elle se souviendra du ressenti des Isérois lors de leur premier petit déjeuner au Gasthaus Adler à Schwarzenberg, un hôtel-restaurant datant de 1756 et restauré par Hermann Kaufmann. Dans les années 1990, les charpentiers locaux, fédérés en association, ont demandé à ce dernier d'imaginer une partition contemporaine par l'extension et la rénovation de ce haut lieu touristique, une première pour le « père » des systèmes bois qui a grandi à seulement 3 kilomètres de cet établissement hôtelier classé monument historique.

« La coopération mais aussi la complicité intellectuelle entre ces maîtres d'œuvre et ces artisans nous ont laissés bouche bée, se remémore Andrea. Réunis le matin pour décider d'un projet, ils le dessinent à même une table et cherchent la meilleure solution qui est adoptée le soir même. Ouvrages publics, privés ou agricoles, leurs bâtiments labellisés Passivhaus ne sont pas chauffés puisqu'ils bénéficient d'une ventilation double flux, d'un triple vitrage et d'une isolation intégrée aux façades bois. C'était du jamais-vu pour nous ! »

Très vite, le cercle des « pèlerins » du Vorarlberg s'élargit aux ingénieurs des Bureaux d'Études Techniques et aux thermiciens qui reviennent convaincus de devoir réviser leurs logiciels. Expert français dans la mesure énergétique des bâtiments à très basse consommation, Olivier Sidler est de ceux qui n'ont pas fait le voyage pour rien : il sera un conseiller très actif en 2007 auprès des commissions du Grenelle de l'environnement.

Centre communal de Ludesch livré en 2005
© Photo : Bruno Klomfar

Refuge Olperer dans le Zillertal, assemblé en deux jours
et livré en 2006 © Photo : Office Hermann Kaufmann

Hermann Kaufman avec la réalisatrice Rebecca Levin
et Jana Revedin, présidente fondatrice du Global Award
dont Hermann Kaufman fut lauréat, juin 2007
© Photo : Marie-Hélène Contal

Faire mieux avec moins. Le refrain revient en boucle dans la tête des élus et des boiseux de l'Isère qui, pour la première fois, entendent parler du rôle technique et émotionnel du bois dans la construction. «Pourquoi pas nous?». Au retour, dans l'autocar, l'ambiance de débriefing est euphorique, et Georges Bescher, qui a trouvé son chemin de Damas, apostrophe ses compatriotes: «On ne peut pas passer à côté de cette leçon d'urbanisme qui embarque tous les corps de métiers; donnons-nous rendez-vous dans trois ans!»

Trois élus lui emboîtent le pas dont Pierre Kermen qui suggère de lancer la Biennale de l'habitat durable (devenue la Biennale des villes en transition). Remontés comme des pendules, ils décident de lancer chacun un projet afin d'accélérer la transversalité des compétences entre scieurs, charpentiers, ingénieurs et architectes. Leur mouvement est né: «les comploteurs du Vorarlberg». Un nom aussi pacifiste que raisonné pour ces mousquetaires du bois qui se sont fait la promesse d'agir sur la grande région grenobloise associant les Parcs du Vercors et de Chartreuse.

UNE PROVOCATION
CONSTRUCTIVE EN FRANCE

Au printemps 2006, à l'initiative de Pierre Kermen, la première Biennale de l'habitat durable est lancée par la Ville de Grenoble, une démarche soutenue par l'ENSA et l'ensemble des acteurs de l'architecture et de l'aménagement de la métropole urbaine. À cette occasion, Serge Gros organise quatre conférences en présence du directeur de l'Institut de l'énergie du Vorarlberg, de Hermann Kaufmann et de Walter Unterrainer, cofondateur du mouvement des Baukünstler. La prise de conscience autour des enjeux du développement durable se renforce dans les rangs. Lors de la clôture de la Biennale, le jury désigne le canton de Vif lauréat du prix de l'urbanisme et récompense les architectes inspirés par l'expérience autrichienne et auteurs des premières constructions passives. «Ce prix d'urbanisme s'adresse tout autant à la maire de Vif, Brigitte Périllié, qui avait suivi les conseils prodigués par le bourgmestre de Ludesch. Il l'avait reçue à bras ouverts et tous deux souhaitaient jumeler leurs communes!», précise l'interprète qui les avait mis en contact deux ans plus tôt.

C'est en digne héritière du mouvement des comploteurs que Guénaëlle Scolan, directrice de Fibois-Isère depuis dix ans, réagit aujourd'hui : « La mayonnaise a pris rapidement chez nous car l'expérience autrichienne incarne un modèle de développement transposable ; du scieur au maître d'ouvrage public et privé, tout le monde s'est senti concerné, principalement les entrepreneurs du bassin grenoblois qui ont pris d'énormes risques en investissant des millions d'euros dans la haute technologie. Ici, quand les transporteurs bois montent en camion dans les forêts en pente, c'est *Le Salaire de la peur*, mais depuis douze ans, la filière se prévaut d'une certification bois des Alpes qui garantit une provenance et des parcelles gérées durablement. »

Comment les Autrichiens ont-ils apprécié cette manifestation d'intérêt ?

« Ils pratiquent l'open source et ne gardent pas leurs secrets de fabrication. Hermann Kaufmann nous a donné carte blanche pour fabriquer des prototypes à l'échelle 1 à partir de ses systèmes constructifs en nous adressant ses carnets de croquis et de détails. Nous les avons réalisés avec les Compagnons du Devoir en impliquant les lycées techniques de l'Isère. Ces modules ainsi que nos propres projets ont été exposés aux premières Assises nationales de la construction passive en 2006 lors du Salon européen du bois à Grenoble », relate Serge Gros, qui parle carrément d'un phénomène de « contagion » dans la région.

FAIRE RIMER BOIS ET MODERNITÉ

Durant la première décennie des années 2000, le bois va effectivement acculturer toute une chaîne de décideurs locaux qui vont s'attacher à faire rimer bois et modernité. Outre la mobilisation des architectes et des bureaux d'études, l'ENSA Grenoble met sur pied un enseignement « construction bois » en lien avec les Compagnons Charpentiers, une unité de valeur intégrée au cursus universitaire.

Les collectivités territoriales ne sont pas en reste et peu à peu les méthodes autrichiennes s'adaptent aux contextes locaux ; collèges, lycées, maisons de santé, casernes, le bois est plébiscité au sein de la commission des appels d'offres. Cette chorégraphie collective incite les bailleurs sociaux à passer à l'action, tels qu'Actis et Pluralis, lequel construit la Petite Chartreuse, sa première résidence bois réalisée à la demande de Georges Bescher, maire de La Terrasse. Conçu par des architectes qui sont allés en Autriche, cet habitat passif en R+2 est équipé de services et d'un cabinet médical en rez-de-chaussée, un plan d'agencement novateur pour ces six logements en épicéa certifié AOC. La pose de la première pierre en 2008 et le débat qui a suivi restent un souvenir mordant pour l'édile : « Imaginez la scène en pleine zone pavillonnaire. J'ai essuyé de vives critiques car la culture du béton a la vie dure, les gens râlaient et mettaient en cause le bois naturel non traité ! Je leur ai dit que les vieilles granges du coin n'avaient pas eu besoin d'avoir recours au Bondex pour être belles et toujours debout ! »

Le maire de la Terrasse finit par remplir son cahier des charges comme prévu. L'épicéa utilisé provient d'une forêt située à 20 kilomètres et le programme coche toutes les cases : ventilation interne, triple vitrage et échangeur double flux. Mais à raison de 1600 euros le mètre carré contre 1200 dans les constructions classiques, le bailleur social peine à équilibrer son budget et l'expérience de ce chantier tardera à être renouvelée. Pour autant, la Petite Chartreuse remporte tous les trophées et demeure une référence.

Volonté politique et objectifs écologiques sont les aiguillons des changements de paradigmes, mais l'adhésion collective n'est pas non plus négligeable. Au cœur du Parc Naturel Régional du Vercors que préside Yves Pillet, l'un des premiers à être partis pour le Vorarlberg, le village de La Rivière en fait la démonstration. Afin de créer une offre de services et de commerces et de limiter le phénomène pavillonnaire et l'effet dortoir à seulement 30 kilomètres de Grenoble, le maire et ses habitants s'investissent à fond dans un centre-ville écologique expérimental. Avec le soutien du Parc, du CAUE 38, et de la Région, un programme d'envergure fondé et chauffé grâce au bois de la forêt communale est voté. Douze logements sociaux et des espaces multi-services (épicerie-restaurant, salles d'expositions polyvalentes) sont construits ainsi qu'une école et deux gîtes ruraux. Agréé standard passif – ossature bois et béton de chanvre banché –, ce premier écoquartier de France dans sa catégorie reçoit le Grand prix national de l'art urbain, une distinction qui salue aussi la démarche d'accompagnement du CAUE-38 venu établir un diagnostic, former les entreprises intervenantes et instruire un chantier-école avec des étudiants et l'interprofession.

EN QUOI LA FILIÈRE SÈCHE PLUS COÛTEUSE INTERVIENT-ELLE POSITIVEMENT DANS LA CONSTRUCTION?

Rendez-vous est donné dans le nouvel écoquartier Flaubert à Grenoble où Serge Gros fait visiter le Haut-Bois, un immeuble de logements sociaux en R+9 réalisé par Actis. À raison d'un niveau édifié tous les deux jours, l'ossature en bois des Alpes – tout droit sortie de la SDCC – est déjà prête à recevoir en façade d'immenses panneaux structurels en CLT treuillés par une grue.

«Il n'y a pas lieu de faire de l'angélisme, explique-t-il. Les bailleurs sociaux sont obligés d'aller chercher des financements pour atteindre le standard passif, le prix du mètre carré au Haut-Bois revient à 1800 euros. Mais les éléments préfabriqués en atelier et livrés par camions raccourcissent les délais de réalisation, et, en cas de mauvais temps, le chantier n'est jamais retardé.»

Le site Flaubert s'inscrit dans la droite ligne de la mouvance de la ZAC de Bonne – premier prix national des Ecoquartiers en France situé en centre-ville –, un projet lancé par Pierre Kermen à son retour d'Autriche. Implanté sur une ancienne emprise militaire, ce programme dense regroupe 850 logements à basse consommation énergétique autour d'un grand parc boisé et de deux bâtiments remarquables en bois : l'école élémentaire Lucie-et-Raymond-Aubrac (RT 2000 moins 50 %) et un centre commercial HQE implanté sur le site de l'ancienne caserne. Cette vaste halle bioclimatique à la toiture photovoltaïque n'est ni chauffée ni climatisée grâce à ses façades extérieures isolantes et à son enveloppe intérieure favorisant les échanges énergétiques avec les commerces. Des choix des matériaux aux procédés de construction en passant par l'utilisation des énergies renouvelables, tout a été imaginé pour préserver l'environnement.

«Cette ZAC a reçu le trophée Constructeo en 2009, mais elle a été difficile à réaliser parce que nous étions bien seuls à l'époque et dans un apprentissage collectif. Cela étant, le désir du bois s'est peu à peu immiscé dans les services urbains de la ville et notamment auprès des instructeurs des permis de construire. Nous avons forgé une culture du transfert par une diminution énergétique devenue réglementaire et mes collègues ont pris le relais car le matériau bois autorise des espaces plus évolutifs», raconte Pierre Kermen, aujourd'hui retiré de la politique.

Une question vient naturellement aux lèvres. L'aventure au Vorarlberg est-elle toujours ancrée dans le Vercors et la Chartreuse ? Les passagers partis de bon matin pour Dornbirn ont visiblement passé le flambeau et transmis leur volonté de faire du bois une richesse constructive et collective bien avant que l'on prenne conscience que le béton, matériau bientôt rare, serait à employer au bon endroit et avec modération. Une conviction s'est aussi forgée chemin faisant : le bâtiment techno ne correspond plus à notre époque soumise au changement climatique. Le mirage high-tech est dépassé, l'homme doit prendre l'initiative pour que les métropoles anticipent les chocs futurs. Une chose est désormais certaine : la filière bois est en train de renouer avec la pensée urbaine.

1 Hermann Kaufmann a passé son enfance dans les scieries du Vorarlberg où il a appris à connaître les caractéristiques et les possibilités du bois qu'il aime profondément. Son père et son oncle ont un rapport de près ou de loin avec ce matériau et avec le bâti. Il a étudié l'architecture à l'Université technique d'Innsbruck et à l'Université technique de Vienne avant de créer son agence avec Christian Lenz à Schwarzach, sa région natale. Écologiste convaincu, il est devenu la figure de proue du mouvement des *Baukünstler* qui a fondé le premier laboratoire européen d'architecture centré sur la durabilité et la simplicité. Maître d'œuvre de la première résidence passive (elle subvient à ses propres besoins énergétiques), il s'est par la suite tourné vers le logement collectif et la restauration de bâtiments anciens. Depuis 2002, il enseigne à l'Université technique de Munich. En 2007, il a reçu le premier Global Award for Sustainable Architecture.

La filière bois Isère :
vers une culture du bois partagée

Pour un peu, on passerait à côté de la scierie que dirige John Sauvajon, à Corrençon-en-Vercors, sans la présence, à proximité, de maisons en bois à l'architecture sobre et inhabituelle. Au bout d'un chemin vicinal, les ateliers qu'il a lui-même construits sont repérables à l'enseigne Strato et aux piles de grumes entreposées dans la cour. Faisant référence aux gîtes ruraux aperçus dans le hameau voisin, le jeune ébéniste lâche fièrement : « Nous les avons construits, les choses simples me correspondent. » Formé durant sept ans à la construction bois avec les Compagnons charpentiers des devoirs du Tour de France, il est à son compte depuis 2004 et s'est spécialisé dans la construction et la conception de charpentes, d'ossatures et de menuiseries. À présent, son carnet de commandes est plein.

À son retour du Vorarlberg, son père, Gérard Sauvajon, scieur et exploitant forestier, lui confie sa première commande : dix chambres en extension de l'hôtel du Golfe dont il est le propriétaire. Cette réalisation lui sert de carte de visite. En 2008, John s'agrandit et construit une scierie de deuxième transformation automatisée ; un œil sur le poste de pilotage numérique et l'autre sur le banc de sciage, il continue de travailler à l'instinct, auscultant la bille de sapin calée sur des rails et bientôt découpée avec minutie. Le fil du bois est un atavisme chez les Sauvajon père et fils. Ici, tout projet est préalablement dessiné sur un calepin à petits carreaux avant qu'il soit simulé en 2D sur écran via la CAO dans le bureau d'études techniques (BET) du premier étage.

Aujourd'hui, le jeune entrepreneur choisit son bois, le tranche, le sèche, le manufacture.

« Je n'emploie que des essences locales et je suis maître de mes prix, plus besoin de passer par des intermédiaires à l'étranger », explique-t-il, se félicitant d'avoir su investir au bon moment dans son outil de production.

«La manière de procéder de mon fils est en totale opposition avec les pratiques commerciales!», précise Gérard qui n'hésite pas à lui prêter main-forte bien qu'il soit maintenant à la retraite.

Au volume John préfère, en effet, une sélection fine des bois dont il aura besoin en fonction de la partition architecturale de ses projets. Cette disposition d'esprit va de pair avec la préservation de la forêt dont le *pater familias* se fait un ardent défenseur contre les pratiques actuelles : «Autrefois, un bûcheron sciait 25 m³ de bois au quotidien. Depuis trente ans, les abatteuses en débitent 250 m³ par jour : l'arbre entre à l'intérieur de la machine et ressort débité en tranches ; notre profession est ainsi passée de l'artisanat à l'industrie et nous avons atteint les limites du raisonnable en matière de sciage», prévient-il, vantant les mérites de la coupe de jardinage. Contrairement à l'abattage intempestif, ce prélèvement raisonné de sujets à haute tige garantit la bonne régénérescence de l'espace forestier ; et, de surcroît, l'extraction attentive des troncs prévient l'arrachage des semis et des jeunes pousses à même le sol.

Maisons individuelles, lotissements pour familles, coopérative laitière ou immeuble participatif à Grenoble, le domaine d'intervention de Strato s'enrichit de programmes construits dans le respect de l'environnement et du paysage. Les Sauvajon sont aussi connus pour insuffler leur passion du bois à leurs commanditaires. «Inviter des architectes à faire un tour en forêt et à visiter la scierie est le meilleur moyen de changer leur regard», relate John, digne héritier des savoir-faire locaux et cousin germain «à sa manière» des Baukünstler autrichiens.

Parmi ses réalisations phares, le quai de transfert à Villard-de-Lans occupe une place particulière. Ce bâtiment technique servant à dispatcher les déchets une fois triés représente 215 m³ d'épicéas issus des forêts avoisinantes. C'est avec ce matériau qu'il a conçu la charpente de cette halle dont les poutres – 12 mètres de longueur – ont été sciées et confectionnées dans son atelier, sans aboutage ni collage. Une performance et trois récompenses: le trophée départemental et régional et une publication en 2019 dans la revue *Séquences Bois*, éditée par le CNDB.

«John n'hésite pas à finir de poncer ses poutres à la main, c'est un cas d'école», reconnaît avec admiration David Bosch, un boiseux, lui aussi, porté par la culture du bois mais à une tout autre échelle. Ce jeune ingénieur diplômé de l'École nationale supérieure des technologies et industries du bois d'Épinal (ENSTIB) a fait ses armes auprès de Jean-Claude Mattio, créateur de la SDCC spécialisée dans les trois métiers que sont la charpente, la couverture et les vêtures.

Installée à Varces-Allières-et-Risset, au sud de la métropole grenobloise, SDCC est reconnue au sein de la filière bois comme l'une des entreprises de charpente parmi les plus innovantes. Elle répond, avec ses 53 salariés, à des marchés importants tels que l'École internationale de Manosque conçue par Rudy Ricciotti ou le siège de l'agence d'architectes Groupe 6 à Grenoble.

En 1998, le besoin d'accompagner les évolutions technologiques, notamment la commande numérique, se fait ressentir et Jean-Claude Mattio engage David pour renforcer son BET sur la partie informatique et dessin. Dans les métiers du bois, c'est un gros virage qu'amorce ce PDG qui doit sa notoriété à ses investissements dans la matière grise. À cette époque, il commence à préparer sa retraite et envisage une transmission sur le long terme ; il cédera ses actions en 2005 à David Bosch, nommé président, et à un autre de ses salariés, Emmanuel Favet, ingénieur également sorti de l'ENSTIB, qui deviendra directeur du BET.

Entre-temps, en 2004, au moment où Jean-Claude Mattio rentre d'Autriche, l'entreprise construit un centre d'usinage numérique et multiplie par deux sa superficie (10 000 m²) pour pouvoir faire face aux chantiers à venir ; dix collèges en bois dans la région, le centre mondial Rossignol à Moirans, le centre commercial de la caserne de Bonne à Grenoble et des logements HQE pour le compte du bailleur social Actis.

« Par la suite, en 2009, en pleine période de crise, nous avons à nouveau investi dans une autre unité sur un site proche de Varces qui abrite un deuxième banc de taille regroupant quatre lignes de production en 2D et en 3D ainsi qu'un atelier d'assemblage de panneaux à ossature bois », explique David Bosch, en s'attardant sur les performances de sa dernière machine-outil qui conçoit des queues-d'aronde et des perçages au dixième de millimètre.

Ce jour-là, le futur pôle santé de Villard-Bonnot, une commune du Pays du Grésivaudan, est en préparation à l'abri d'un immense atelier. Cette construction modulaire en 3D de 450 m² mobilise trois lignes de production sur quatre. La découpe numérique remplace les ciseaux à bois pour réaliser un tenon ou une mortaise et chaque élément optimisé par la CAO compose des modules de 30 mètres carrés chacun. Il en faudra donc quinze au total pour réaliser cette antenne médicale à raison d'un module fabriqué tous les deux jours.

Des pare-pluie respirants anti-humidité sont fixés derrière les bardages et les gaines d'aération sont déjà logées à leur emplacement. Le gros œuvre de ce bâtiment prendra deux mois en atelier, et une fois sur le chantier, les compagnons charpentiers arrimeront en seulement deux semaines ces blocs entre eux grâce à des barres en acier de contreventement dissimulées dans les cloisons intégrant également l'isolation. Le principe de la filière sèche requiert également toute une quincaillerie nécessaire à la fixation des éléments en épicéa, un décompte scrupuleusement calculé par le BET : « À la vis près ! », souligne Guillaume, BTS d'ingénierie bois, qui a quitté l'ordinateur pour « respirer et toucher » ce matériau lors des phases de montage.

« Chez nous, les process ne sont pas figés afin de ne pas dénaturer le projet d'architecture, et cela, dans un dialogue permanent entre concepteur, charpentier et ingénieur, le but étant de partager nos cultures. C'est ce qu'ont fait les Autrichiens il y a plus de trente ans ! », affirme David Bosch qui a monté des partenariats avec trois scieries locales pour développer des techniques de séchage pointues et des qualités de sciages éprouvées. Les scieurs ont joué le jeu, et leurs bois sont livrés en palettes étiquetées indiquant la traçabilité de leurs essences.

L'industriel Michel Cochet est de ceux-là. Haute figure locale, il est à la tête de la société Bois du Dauphiné (BDD), l'une des cinq plus grandes scieries de France, implantée depuis trente ans au Cheylas, à une heure de Grenoble. Spécialisée dans la valorisation des essences de sapin, d'épicéa et de Douglas, l'entreprise fournit au marché toute une gamme de produits en bois massif destinés à la construction : sciages standards de charpente et de couverture, bois d'ossature et de fermette, ainsi que du bois d'emballage. Mais pas seulement.

Alpes Énergie Bois, son unité pionnière dans la cogénération, valorise les connexes, de la sciure et des déchets transformés en granulés de chauffage, et produit 55 000 tonnes de pellets par an. Ces pellets produisent au total 28 000 MW distribuées sur le réseau EDF – soit une production de 3,6 MW/H équivalente à la consommation d'une ville de 7500 habitants – et fournissent l'usine en électricité. Rien ne se perd tout se transforme, l'adage de Lavoisier est pris au pied de la lettre.

« Nous menons une activité de fou, c'est historique dans la profession ! lance Michel Cochet dans son bureau qui donne sur le massif de la Chartreuse. Notre carnet de commandes est plein et mes clients vont devoir attendre quatre mois pour être livrés, au lieu des deux semaines habituelles. »

Parti pour le Vorarlberg avec Jean-Claude Mattio, Michel Cochet en revient avec une vision nouvelle du « vieux métier de scieur ». Président de la filière bois de 2005 à 2018, il modernise dans le même temps la PME familiale avec ses frères grâce à l'innovation de ses outils de production. BDD transforme chaque année 250 000 m³ de grumes distribués en France et dans les pays limitrophes (Italie, Espagne, Belgique). L'entreprise achète principalement ses coupes auprès de ses partenaires forestiers contractualisés, un gage de traçabilité.

Directeur du CAUE-38, Serge Gros entretient de longue date une connivence avec cet amoureux du bois : « Michel a une parfaite connaissance de la filière, des forestiers aux architectes, et sa philosophie est de s'approvisionner dans les forêts locales et régionales en travaillant toujours dans la confiance. »

En bordure de l'Isère, l'implantation de BDD sur la zone industrielle de la Rolande est spectaculaire, que ce soit au regard de l'impressionnant stockage de sa matière première ou du ballet incessant des élévateurs qui empilent sur plusieurs mètres de hauteur des planches prêtes à l'emploi. Il est strictement interdit de s'aventurer dans l'usine sans un gilet fluo et un casque de protection car, ici, les risques pèsent des tonnes. Des troncs à perte de vue sont soulevés comme des fétus de paille par des Fenwick pour être déposés sur de longs decks de triage automatique. À la queue leu leu, les troncs sont ensuite écorcés, cubés, puis tronçonnés en billons répartis dans différents boxes selon trois critères : longueur, section et qualité.

Depuis sa cabine d'aiguillage, les yeux rivés sur des scanners, Stéphane, le responsable du parc à grumes, est perpétuellement aux aguets, car ce plateau technique est l'intermédiaire entre la forêt et la scierie, une étape cruciale où se détermine le cubage : cette base de calcul sert à payer les fournisseurs, les propriétaires et les prestataires de services. Pour sa part, Gilles gère un autre poste d'importance, la coordination des ateliers et notamment le sas de bottelage dédié aux chevrons de charpente. Comme ceux qui sont livrés à David Bosch pour l'ossature de l'immeuble Hautbois à Grenoble.

Grâce à la numérisation des process, les onze étapes de la ligne de profilage – le très haut de gamme en la matière – permettent

163

de calibrer les planches en apportant plus de justesse aux demandes spécifiques.

Chez BDD, les 88 salariés ont chacun des missions très précises à tous les stades de valorisation du bois et c'est pourquoi Michel Cochet invite, lui aussi, les acteurs de la construction à venir voir l'exploitation du bois sur ses chaînes, une manière de les acculturer et de leur montrer la richesse de son catalogue : « Nous avons 300 références de sections et nous sommes relativement standardisés, alors que les Québécois et les Scandinaves ont simplifié à l'extrême leur codex », explique-t-il, notant au passage que 90 % de sa production est consacrée au bois d'œuvre.

Avec une croissance de deux à trois points par an depuis dix ans, le marché de la construction est en pleine expansion : « On attend le double » dit-il, raison pour laquelle BDD entend pousser les feux en produisant 1200 m³ de sciage par jour contre 1000 actuellement, une façon d'anticiper le marché.

La forêt peut-elle suivre ? « Nous n'exploitons que 30 % de son accroissement naturel et nous sommes loin de l'épuiser. »

Le dérèglement climatique reste cependant un vrai sujet à ses yeux car il touche de plein fouet le sapin et l'épicéa, des essences qui devront s'adapter à moins de les remplacer en optimisant les feuillus, comme le peuplier local avec lequel l'on bâtissait au XIXᵉ siècle les granges du Nord Isère, ou encore le chêne, le noyer et le châtaignier – à ceci près que les savoir-faire permettant de les exploiter avec justesse se sont perdus en cours de route.

Pour l'heure, Michel Cochet a deux projets en tête. Le premier consiste à poursuivre avec les laboratoires scientifiques les recherches sur l'avenir de la cellulose, qui constituerait une alternative au pétrole pour les assemblages du bois par le réchauffement des nanoparticules et permettrait d'améliorer l'aspect du bois en extérieur grâce à son oxydation. Le second vise à agrandir son siège social et ses ateliers en faisant construire par un architecte un bâtiment passif en bois de Chartreuse dont la toiture serait végétalisée : « L'industrie doit aussi prendre le virage de la construction bois, les salariés de BDD sont sensibles à ce positionnement, le respect de notre environnement engage notre responsabilité sociétale. »

1   Maître Cube : la preuve par huit   Jean-Philippe Estner   175

2   Arboretum, l'âge d'or du CLT   Paul Laigle   180

Perspectives

3   Les trajets du bois   183

Chantier de logements en structure bois à Vélizy-Villacoublay, janvier 2020

Chantier de logements en structure bois à Vélizy-Villacoublay, janvier 2020

Maître Cube est une référence dans l'Hexagone qui se démarque par son dynamisme et par l'originalité de sa structure. Ce collectif regroupe depuis 2015 huit sites de production en France – essentiellement des scieurs – qui ont fédéré leur savoir-faire en mettant en réseau leurs compétences respectives. Parce qu'il a développé un savoir-faire spécifique dans le bois au sein de l'agence Leclercq Associés, Paul Laigle (PL) souhaitait débattre avec Jean-Philippe Estner (JPE), Directeur de Développement chez Maître Cube, rencontré à la faveur d'un récent projet. Ensemble, ils abordent les perspectives économiques de la filière bois en France et les méthodes industrielles que cette PME à mises en place pour répondre au marché de la construction bois aujourd'hui en pleine expansion.

Paul Laigle
À l'heure où débute la troisième génération d'immeubles en construction bois, après les expérimentations initiales, puis la mise en place d'une industrialisation ayant recours à l'importation massive, l'entreprise Maître Cube me semble pouvoir constituer un chaînon précieux pour faire évoluer ce mode constructif vers davantage de relocalisation. Ce collectif de petites scieries historiques françaises s'est en effet donné les moyens d'investir dans ce secteur pour gagner en compétence en accompagnant la plupart des architectes qui, comme chez Leclercq Associés, se sont forgé une culture bois avec de grands groupes très présents sur ce marché depuis deux décennies. Aujourd'hui, je m'interroge sur les moyens qui

sont offerts aux architectes pour développer la construction bois en faisant appel à des scieurs locaux, c'est-à-dire à des savoir-faire ancestraux qui sont en passe de disparaître. Depuis vingt ans, j'essaie de travailler avec ce type de petites structures sans jamais y parvenir, c'est pourquoi j'aimerais que vous nous expliquiez les ressorts de votre modèle entrepreneurial.

Jean-Philippe Estner
Notre entreprise a été créée à l'initiative de huit entrepreneurs, des scieurs et des charpentiers, qui se sont rencontrés en 2013 dans des instances professionnelles nationales au sein desquelles ils avaient des mandats électifs comme par exemple l'UMB – l'Union des Métiers du Bois –, un satellite de la Fédération Française du Bâtiment sous tutelle du ministère du Logement. Maître Cube rassemble des professionnels toutes générations confondues : les plus anciens comme Philippe Roux et Christian Piquet ont la soixantaine, les autres sont des quadras, et tous ont des expériences et des parcours différents bien que très proches de la filière bois. Leur rapprochement est né d'un workshop sur le thème de la maison de santé en milieu rural, en l'occurrence, le projet Lemitis auquel ils ont associé un architecte de Caen pour livrer clé en main des maisons médicalisées selon différentes typologies. La construction de deux maisons médicalisées en bois leur a été l'occasion de créer Maître Cube.
Avaient-ils pressenti l'essor de la construction bois ?

Certains indicateurs en provenance des instances nationales les ont encouragés dans ce sens, notamment la création de l'Association Adivbois en 2004, une initiative subventionnée par l'État et présidée par Franck Matis, le PDG de l'entreprise Matis dont la vocation, dès le départ, était de développer la construction de grande hauteur dans le logement en France. Maître Cube a adhéré aux cinq commissions d'Adivbois couvrant plusieurs thématiques – architecture, ingénierie, incendie, sismique et façade – et, très vite, des concours ont été lancés pour des projets démonstrateurs associant promoteurs, architectes, bureaux d'études techniques (BET) et entreprises. La consultation a remporté un succès certain, car Adivbois a reçu 57 candidatures, dont la nôtre, et par la suite 13 sites en Régions et à Paris ont été désignés pour accueillir ces programmes d'innovations techniques. Maître Cube est associée à deux réalisations : la tour Wood Up, dans le quartier de Paris Rive Gauche dans le 13e arrondissement de Paris, qui est un immeuble de logements de 17 étages, en cours d'études, et la résidence Wood Art – La Canopée, à Toulouse, dont nous sommes les mandataires.
D'où viennent les charpentiers réunis au sein de Maître Cube ?

Ces huit charpentiers viennent des quatre coins de l'Hexagone, chacun a sa spécialité et tous travaillent avec des matériaux d'origine française. Parmi eux, la charpenterie Roux, située dans la région Est,

est une unité de fabrication séculaire, spécialiste de la structure bois et des projets complexes réalisés sur mesure. Elle comptabilise quelques belles références comme la gare de Meuse TGV en bardeaux, les méga-poutres des Park Centers et quelque 600 structures des fast-foods Mc Donald's en France. À Grenoble, dans l'Isère, l'entreprise SDCC dirigée par David Bosch est un superbe atelier qui rayonne sur tout le Sud-Est et se positionne sur les beaux projets en bois pilotés par de grands maîtres d'ouvrage du secteur. Sa spécialité est la structure de tous types, du mixte, de l'exosquelette, du caisson, du CLT quand il en faut, le bardage et le zinc traditionnel. Cette société a notamment livré la charpente de la nouvelle distillerie de la Chartreuse entièrement réalisée sur voliges traditionnelles.

Ces charpentiers sont-ils tous des scieurs ?

Tous ne le sont pas, en revanche ce sont des spécialistes de la seconde transformation, charpentiers historiques ou menuisiers par tradition familiale. Ils ne sont pas à la tête d'usines, mais d'ateliers où le savoir-faire ancestral a peu à peu évolué grâce aux moyens d'usinage modernes comme par exemple les modules 2D, c'est-à-dire des voiles de façade qui peuvent aller jusqu'à 13 mètres de long sur 3 mètres de haut, taille maximum pour éviter les convois exceptionnels. Ces modules embarquent la structure, les parements, les huisseries extérieures, les garde-corps, il est même possible d'y fixer la VMC et des isolants de tous types qui viennent se greffer en façade lors du chantier. Les modules 3D sont, quant à eux, entièrement volumétriques, ils se présentent comme une boîte à chaussures dans laquelle tout a été réalisé en atelier, du sol souple à l'interrupteur ; l'ensemble est monté en usine et vient se brancher au réseau mis en place.

Quelle est la ligne de force de ce collectif ?

L'élément fondamental est le bureau d'études intégré à chacun des huit sites. Ces BET sont différents selon chaque projet de sorte que leur mise en commun crée de la valeur ajoutée et permet d'échanger sur nos hypothèses de travail. Autrement dit, nous additionnons nos compétences autant en phase études qu'en phase de montage et nous intervenons à plusieurs sur une réalisation afin de mutualiser les savoirs et faire tourner les ateliers. Maître Cube réunit des TPE, un peu comme Vinci, Bouygues ou Eiffage, à ceci près que, en comparaison, nous sommes microscopiques ! Au sein même de notre entreprise générale, nous sommes trois gestionnaires, mais le regroupement représente 556 salariés pour un chiffre d'affaires annuel de plus de 100 millions d'euros de travaux, un chiffre qui augmente constamment depuis six ans. En 2015, Maître Cube démarrait au bas de l'échelle, mais en 2018, nous étions déjà à 2 millions de CA, en 2019 à 6 millions, en 2020 nous avons fini à 18 millions et 2021 nous dépasserons les 40 millions d'euros. En fait, nous fédérons des charpentiers et, partant du principe que les huit entités détiennent 1/8e du capital, le chiffre d'affaires que je cite est le nôtre car chaque entreprise garde son propre volume d'affaires. Notre structure ne gère

que des projets de grande ampleur, et à ce titre nous pouvons dire que Maître Cube est une mère nourricière.

Par exemple, si je construisais un bâtiment ayant besoin d'une structure et de modules complexes, comment géreriez-vous mon projet ?

C'est très simple. Je ferais un appel d'offres interne à Maître Cube en lançant une fiche de projet aux huit partenaires. Chacun se positionne, soit ils répondent à plusieurs, soit tout seul. Le système est en réalité très collégial.

Votre démarche à ceci d'intéressant qu'elle ne me vend pas un brevet, mais des possibilités de faire au mieux mon projet en m'adressant à vos TPE dépositaires d'un savoir-faire régional. Chacune à des compétences spécifiques et des bureaux d'études intégrés qui m'épauleront selon qu'il s'agisse de la réalisation d'un entrepôt, d'un gymnase ou d'un module 3D. Jusqu'ici, j'ai beaucoup travaillé avec des groupes qui vendent leurs brevets, des nouveaux produits dont j'ai fait la promotion au fil de nos projets ou que j'ai fait évoluer… Mais en tout état de cause, ce ne sont plus des savoir-faire locaux.

Nous sommes des charpentiers et nous ne détenons aucun brevet. Pour nous chaque projet est, en soi, un moyen d'apporter de la valeur ajoutée.

En qualité d'architectes parisiens et par la force des choses, il nous est impossible de faire la tournée des scieurs de France pour tenter de faire un lien entre un savoir-faire local et nos projets d'architecture : c'est la raison pour laquelle nous nous sommes tournés vers des professionnels qui sont des vendeurs de brevets. C'est intéressant et je ne m'y oppose pas, pour autant, je trouve que l'industrialisation affiliée à ces majors s'éloigne des savoir-faire français qui, dans ces conditions, ne peuvent plus exister. Il y a donc un risque de perte de compétences, ce qui est dommageable à plus d'un titre. En d'autres termes, si les scieurs ne se regroupent pas en collectif pour mieux s'armer, il y a de fortes chances qu'ils ne parviennent pas à survivre, et partant, que la filière bois française s'appauvrisse. En outre, si un projet d'architecture dépend d'un produit vendu sur catalogue, il y a de fortes chances pour que notre champ d'action en qualité de maître d'œuvre soit réduit à peau de chagrin. Le CLT est un outil formidable pour les grandes structures bois, cela ne fait aucun doute. Mais comment faire pour ne pas normaliser les projets d'architecture ? Chez Leclercq Associés nous sommes allés loin dans l'exploration de la construction bois et, aujourd'hui, nous avons envie que la prochaine génération des bâtiments biosourcés puisse s'orienter davantage vers les métiers du bois en France, de peur que ces techniques éprouvées finissent par s'étioler et disparaître.

Pour nous, le CLT fait partie des matériaux que nous utilisons car il a sûrement sa place dans un certain nombre d'ouvrages. De par ses caractéristiques physiques, il représente un progrès énorme pour les constructions de grande hauteur et pour les grandes portées, mais ce n'est ni plus ni moins que du lamellé-collé en panneaux très rigides. Et le CLT n'est pas la réponse à tout. Il y a très peu d'entreprises françaises qui en fabriquent, hormis la scierie Piveteau qui en est le premier transformateur et est l'un de nos fournisseurs. Cette

belle entreprise vendéenne conçoit des produits en bois pour la construction et pour l'aménagement intérieur ainsi que du bois d'énergie ; de surcroît, elle possède un catalogue de composants très large, y compris du CLT depuis deux ans. Pour la petite histoire, Maître Cube a posé ses premiers panneaux sur l'immeuble Perspective à Bordeaux, un ensemble de bureaux de 6000 mètres carrés, comme quoi nous ne sommes pas des dissidents ! Reste que l'usage du CLT est la conséquence de l'évolution des matériaux et des technologies qui a vu disparaître les savoir-faire anciens.

C'est un constat et je le regrette, mais tout le savoir-faire qui devrait être la source même de la construction bois est en train d'être occulté par cette quête du produit standard vendu sur catalogue.

Votre remarque me fait penser aux pommes des petits producteurs normands : elles ne sont pas belles, pas normées, zéro traitement et pas calibrées, mais elles sont délicieuses.

À l'époque où j'ai rencontré le LVL (lamibois), c'est-à-dire au tout début des années 2000, je trouvais exaltant de travailler avec ces lames de bois à la fois très fines et très solides ; aujourd'hui, j'essaie de trouver les moyens de faire autrement en allant vers une autre esthétique.

C'est aussi le sens de notre discours, à savoir adapter le bois et la technologie dont nous disposons à l'usage. Et quand je parle d'usage, il ne faut pas omettre l'économie du projet, or, le CLT reste une technologie onéreuse. Nous ne sommes pas contre le CLT, c'est un beau produit dès lors qu'il intervient dans un certain contexte, mais, encore une fois, ce n'est pas la solution à tout. Par ailleurs, nous partageons votre point de vue, le bois ne peut avoir un rôle hégémonique, nous sommes pour la mixité des matériaux, même le béton s'il le faut.

À présent, l'agence Leclercq Associés aimerait explorer d'autres techniques constructives et d'autres sources d'approvisionnement à destination des futurs bâtiments en bois. Nous constatons que les maîtres en architecture finlandais ou japonais tracent la voie en matière de construction bois parce qu'ils travaillent sur une intuition qui fait naître des savoir-faire. En d'autres termes, ils mettent à profit une confrontation avec la norme et la réglementation pour se renouveler et rester créatifs.

En tant qu'architecte de formation, j'ai le sentiment que, dans d'autres pays, l'architecture reste un terrain d'expérimentation. En revanche, la France souffre d'un mal quasi incurable : dès l'instant où nous n'avons plus la garantie décennale sur le matériau ou la technique de construction, tout s'arrête. Certes, quelques architectes résistent et osent, mais ils sont peu nombreux.

À quel moment l'architecte intervient-il chez Maître Cube ?

Tout l'enjeu de notre travail est d'adapter la solution aux besoins. Dans tous les cas de figures, nous étudions les projets dès l'origine, avec le maître d'œuvre. Le charpentier utilise le BIM pour faire son épure, nous mettons tout en modélisation dès le premier coup de crayon, de sorte que l'architecte peut travailler de manière étroite et fructueuse avec le charpentier :

Chantier de logements en structure bois à Vélizy-Villacoublay, janvier 2020

Chantier du programme de bureaux Arboretum, Nanterre, octobre 2021

ils parlent le même langage en s'appuyant sur la culture du métier de l'un et de l'autre. Chaque jour nous le vérifions chez Maître Cube, même si la technologie est omniprésente, l'on en revient toujours au mode constructif qui vient des temps anciens. Ensemble, le charpentier et l'architecte arriveront à atteindre la perfection de l'ouvrage. Chacun ouvre des possibles à l'autre.

Comment faites-vous pour vous faire connaître auprès des maîtres d'ouvrages?

Actuellement, nous avons de beaux projets et l'approche des maîtres d'ouvrage se fait en lien avec les architectes auxquels nous nous associons. Il y a des architectes qui connaissent déjà bien le bois, certains sont plus avancés que d'autres sur ce matériau, mais quoi qu'il en soit, nous faisons en sorte de créer des associations pertinentes afin d'amener de l'innovation.

Quel est votre avis sur l'état de nos forêts? Nous sommes loin d'une sylviculture raisonnée en France, nos forêts de feuillus sont encore mal exploitées et mal gérées, or la réserve de bois en France est considérable.

L'important est de ne surtout pas dénaturer les sols des forêts. Si je m'en tiens à une étude réalisée par l'ingénieur Olivier Gaujard, le pape de la structure bois, consultant-expert et formateur, nos domaines forestiers se portent bien. Il en donne un exemple frappant: toutes les 13 minutes, la forêt française se régénère suffisamment pour produire un collège de 700 élèves, c'est fou!

Nous avons de la ressource bois, c'est certain, mais nos chênes partent à l'étranger, notamment en Chine, et reviennent en produits usinés. Alors pourquoi ne pas construire en feuillus puisqu'il est majoritaire sur notre sol? La réponse dépend sûrement de la gestion et de la transformation de notre capital sylvicole. Aujourd'hui, le bois de construction entre dans la construction des villes et l'on voit déjà que l'heure de la pénurie a sonné, le prix du bois flambe, d'où sa difficulté à se faire une place autour de la table des négociations avec les promoteurs.

Le bois a sa place pleine et entière à la table des projets futurs, notamment avec d'autres matériaux: il faut simplement gérer les équilibres forestiers et ne pas en faire un produit de spéculation, si l'on veut durablement construire des villes éco-responsables.

Chantier du programme de bureaux Arboretum, Nanterre, octobre 2021

Chantier du programme de bureaux Arboretum, Nanterre, octobre 2021

Chantier du programme de bureaux Arboretum, Nanterre, octobre 2021

Chantier du programme de bureaux Arboretum, Nanterre, octobre 2021

Vingt ans d'expériences dans la construction bois nous ont fait traverser différentes ères d'exploration de ce matériau : la (re)découverte en 2000, puis la promotion et le temps des innovations.

Sur le campus de Savigny-sur-Orge (enseignement, restauration, gymnase et théâtre), en 2000, nous découvrons le lamellé-collé, mais aussi la finesse du lamibois (LVL), esthétique et performante, que nous retrouverons par la suite dans le CLT.

Sur le complexe sportif de l'INSEP dans le bois de Vincennes, en 2005, nous revisitons les équarrissages usuels et dessinons des poutres et entretoises particulièrement élancées, ce qui nous permet d'en exploiter pleinement les compétences structurelles. Ce projet très publié participe à la promotion du bois comme « nouveau matériau compétitif ».

Sur le projet du lycée de l'Île de Nantes en 2010, nous participons à des innovations enthousiasmantes dans les domaines de la structure et du revêtement.

Au début des années 2010, le bois est surtout attendu par les maîtres d'ouvrage publics qui en ont besoin pour incarner leur discours environnemental. Les bâtiments bois sont les étendards d'une France politique qui a besoin de porter les questions écologiques dans le débat public. Le secteur privé prend ensuite le pas et s'intéresse à la valorisation du bois par le biais des labels. Les constructions bois se multiplient, avec leur lot de complexités techniques, rencontrées à l'occasion des projets et que l'absence de cadres réglementaires ne permet pas toujours de lever. Ces dernières

années ont, en réponse, connu une accélération des innovations et de la législation dans la construction bois, ce qui rend le travail d'architecte d'autant plus passionnant.

Chaque nouveau projet est l'occasion de nous confronter à une nouvelle problématique qui nous fait avancer dans notre exploration technique et architecturale du bois. Après la découverte de ses compétences structurelles, de son comportement sismique, thermique, acoustique et de résistance au feu, nous entamons en 2015 une redécouverte du matériau CLT. Redécouverte car nous avions déjà posé un matériau similaire il y a vingt ans : le lamibois. Autre époque, autre brevet, mais au final un procédé industriel très similaire de superposition de couches fines de bois croisées qui autorise d'autres formes, engendre une autre esthétique.

Du bois de grume au CLT

Notre expérience de Savigny nous avait conduits à imaginer les bâtiments comme des agencements visibles de poteaux et de poutres. Dans l'exploration de ce nouveau matériau, la vérité structurelle est la matière première de l'expression architecturale de nos bâtiments. Il en ressort un dessin très rythmé par les solives et les poteaux, assemblés comme un jeu de meccano. Et les éléments de langage qui composent les volumes sont liés aux dimensions des pièces de bois débitées issues de l'équarrissage des grumes, ces troncs d'arbres débarrassés de leurs branches.

Le CLT se comporte différemment, il est une plaque structurelle, épaisse et lisse, qui

n'a pas besoin de nervures pour porter. Pas de solives donc, ce sont des plaques qui s'agencent dans une planéité parfaite. Il en résulte des formes étonnantes, élancées et épurées, qui ne se rapportent plus aux dimensions de pièces de bois équarries. La compétence structurelle du matériau devient invisible, la section porteuse n'est plus signifiante et la lumière seule façonne les volumes. Nous avons appliqué ce précepte à nos bureaux de Nanterre, l'Arboretum, où les plafonds se résument à de grandes plaques de bois structurelles, sans solives, sans retombée de poutre en façade. L'Arboretum est né du désir d'explorer un autre langage, de nous libérer des icônes de la construction bois, avec sans doute l'exaltation prétentieuse de proposer un modèle archétypal pour une nouvelle manière de construire.

L'Arboretum, le bois « marketé »
Situé en bord de Seine, sur le territoire de La Défense, le site industriel des Papeteries de la Seine développe un foncier rare de 17 hectares. Dès 2016 nous travaillons à sa reconversion en un campus tertiaire de 126 000 m², avec l'agence Laisné-Roussel, pour le compte de BNP Paribas Real Estate et WO2.

Notre objectif premier est de repenser les lieux de travail, en particulier de défendre les vertus du bien-être et de redonner une place à l'individu dans l'entreprise.

Résolument orienté vers la qualité environnementale et la qualité de l'environnement, l'Arboretum sera l'un des plus grands programmes construit en bois massif. Parce que l'architecture durable est d'abord une

Marketing suite Arboretum à Nanterre, mars 2021

Marketing suite Arboretum à Nanterre, mars 2021

architecture désirée, nous portons les convictions de la fonctionnalité et du confort dans nos bâtiments tertiaires, et le bois s'y prête volontiers.

La communication développée par le promoteur autour du projet est simple et précise : «révéler la force du bois massif et des matériaux naturels». Les matériaux, le mode constructif, l'exploitation et l'évolution des bâtiments ont été pensés pour réduire tout au long de la vie du campus les émissions de gaz à effet de serre et maximiser sa résilience. L'utilisation de matériaux biosourcés, la conception bioclimatique, la production d'énergie renouvelable (photovoltaïque et géothermie) répondent aux attentes environnementales et place le projet de plain-pied dans la transition écologique.

Les bâtiments imaginés dessinent les contours du nouveau cahier des charges du promoteur WO2 qui prône une faible empreinte carbone et un confort d'usage exceptionnel. Nos convictions d'architectes deviennent un produit qui se «markette» et le bois en est l'étendard.

L'Arboretum tourne donc le dos au classique béton armé : les bureaux seront réalisés en bois lamellé-croisé (CLT). L'intérêt que nos commanditaires lui portent est une belle opportunité qui nous permet de dégager le temps nécessaire pour développer des sujets d'innovation comme la terrasse à pente nulle en construction bois ou l'industrialisation du faux plafond démontable et acoustique, également en bois. Pour louer les compétences fabuleuses de ce nouvel espace de travail, un pavillon témoin est construit, d'une surface d'environ 500 m². Il est pour le maître d'ouvrage l'occasion de montrer et de vendre le projet, il est pour nous architectes l'opportunité de tester grandeur nature les volumes et les assemblages, mais aussi de ressentir la forte valeur ajoutée par le bois en termes de confort d'usage.

Le temps des innovations

Grâce à ce pavillon expérimental, nous poussons notre travail sur le bois jusqu'à réinventer un élément essentiel d'un bureau : le faux plafond démontable. Sur le modèle des hégémoniques faux plafonds démontables en fibres, nous mettons au point un profilage adapté à des plaques de bois ajourées qui s'aboutent parfaitement et respectent les exigences d'une trame de bureau. Le modèle est mis au point avec des entrepreneurs, puis testé grandeur nature dans le pavillon témoin. Nous sommes persuadés que ce nouveau produit industriel sera réemployé et prescrit dans d'autres opérations, du moins nous l'espérons car nous voudrions que cette innovation profite à tous, qu'elle s'inscrive dans le temps.

Une fois de plus, la mise au point de ce futur produit de catalogue ne peut se faire sans réunir maîtrise d'ouvrage et entrepreneur autour de l'architecte. C'est tout l'intérêt de l'innovation portée par le privé, car réunir entrepreneur et maître d'ouvrage dans le public est litigieux pendant la phase de conception, du moins dans le cadre classique de la loi MOP (maîtrise d'ouvrage publique).

Après avoir bouleversé nos habitudes sur les faux plafonds, nous nous sommes intéressés à l'un des prés carrés du béton : la terrasse à pente nulle. Combien de fois l'architecte a-t-il dû reprendre son ouvrage pour optimiser l'épaisseur constructive d'une terrasse ! Afin

d'élargir le champ d'action du bois, et en particulier du CLT, le maître d'ouvrage a investi dans des études en vue de l'obtention d'une appréciation technique d'expérimentation (ATEx) qui nous a autorisé à mettre en œuvre des terrasses bois à pente nulle sur l'Arboretum. Le résultat est à la hauteur de nos ambitions, le plafond bois intérieur file en sous-face des terrasses sans discontinuité, l'effet architectural est sobre et évident.

Grâce à ces innovations, nous avons pu réinventer chaque fois l'écriture de nos bâtiments. Nous sommes des concepteurs avant d'être des prescripteurs ; dès lors, notre responsabilité est de sortir le CLT de son catalogue, et de le concevoir comme un support d'innovation, et non comme un produit.

Il y a une cinquantaine d'années, des étudiants rêveurs de l'École supérieure du bois voulaient consolider le lamellé-collé en y intercalant des lames de carbone, pour en faire un matériau toujours plus performant en termes de portée. Ces rêves font aujourd'hui sourire : insérer du carbone dans le bois ne relève pas vraiment de l'idéalisme environnemental. Pourtant ce sont toutes ces recherches et ces innovations qui ont permis de faire du bois un matériau formidablement polyvalent, performant et compétitif.

Mais ces dernières années – consacrées à l'avènement du CLT par un cycle d'innovations – l'écart s'est creusé entre les scieurs ; ceux ayant investi et ceux qui sont restés au bord du chemin forestier, artisans malheureux qui n'ont pas su se transformer en entrepreneurs. Autrement dit, ils ont été distancés par les grands groupes internationaux et leurs stratégies de maîtrise de la chaîne de production depuis longtemps engagées : du contrôle de la forêt jusqu'au quasi-monopole du produit fini.

Nous vivons l'âge d'or du CLT. Ce matériau est incontournable, mais malheureusement ce modèle est fondé sur les performances d'une essence – l'épicéa – qui ne poussera jamais aussi bien que dans les forêts scandinaves du Nord de l'Europe, sans doute un peu trop loin pour être complètement vertueuse. Un peu trop loin aussi des savoir-faire et des outils de nos scieurs français qui font la richesse de nos territoires. Un peu trop loin des essences de nos forêts.

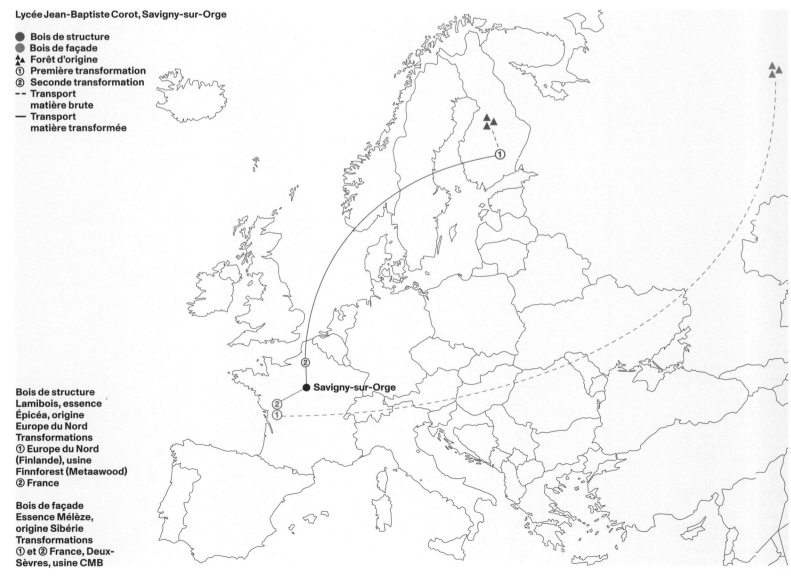

Lycée Jean-Baptiste Corot, Savigny-sur-Orge

● Bois de structure
● Bois de façade
▲▲ Forêt d'origine
① Première transformation
② Seconde transformation
-- Transport
    matière brute
— Transport
    matière transformée

Savigny-sur-Orge

Bois de structure
Lamibois, essence
Épicéa, origine
Europe du Nord
Transformations
① Europe du Nord
(Finlande), usine
Finnforest (Metaawood)
② France

Bois de façade
Essence Mélèze,
origine Sibérie
Transformations
① et ② France, Deux-
Sèvres, usine CMB

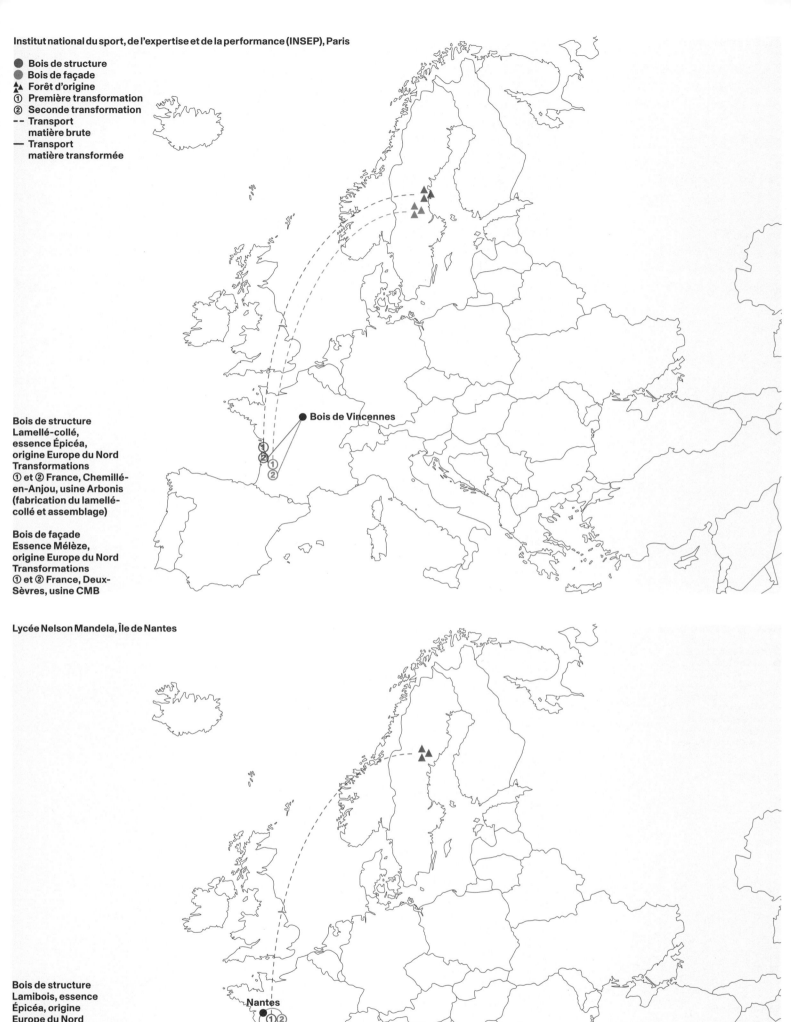

Institut national du sport, de l'expertise et de la performance (INSEP), Paris

- ● Bois de structure
- ● Bois de façade
- ▲▲ Forêt d'origine
- ① Première transformation
- ② Seconde transformation
- -- Transport matière brute
- — Transport matière transformée

Bois de structure
Lamellé-collé, essence Épicéa, origine Europe du Nord
Transformations ① et ② France, Chemillé-en-Anjou, usine Arbonis (fabrication du lamellé-collé et assemblage)

Bois de façade
Essence Mélèze, origine Europe du Nord
Transformations ① et ② France, Deux-Sèvres, usine CMB

Bois de Vincennes

Lycée Nelson Mandela, Île de Nantes

Nantes

Bois de structure
Lamibois, essence Épicéa, origine Europe du Nord
Transformations ① et ② France, Chemillé-en-Anjou, usine Arbonis (fabrication du lamellé-collé et assemblage)

Bois de façade
Essence Pin maritime, origine Gironde
Transformations ① et ② France, Chemillé-en-Anjou, usine Arbonis (fabrication du lamellé-collé et assemblage)

Logements, Vélizy-Villacoublay

Vélizy

Bois de structure
CLT (KLH) et bois
de façade MOB
Essences Épicéa,
origines Europe
du Nord et Autriche
Transformations
① Autriche (fabrication
du KLH, procédé de bois
lamellé-croisé)
② France, Chilly-Mazarin,
usine de Baroque
Charpentes

Arboretum, Nanterre

Paris

Bois de structure
CLT, essence Épicéa,
origine Suède
principalement
et Allemagne,
Autriche, France
Transformations
① Suède et Allemagne
(scieries proches)
② France, Alsace,
usine Mathis (collage)
et Autriche (CLT)

Bois de façade
MOB, essence Épicéa,
origine Aquitaine
Transformations
① France, Bretignolles
(79), usine Sybois
② France, Deux-Sèvres,
usine de Syface

Lycée Jean-Baptiste Corot, Savigny-sur-Orge	Institut national du sport, de l'expertise et de la performance (INSEP), Paris	Lycée Nelson Mandela, Île de Nantes

Maîtrise d'ouvrage	Maîtrise d'ouvrage	Maîtrise d'ouvrage
Conseil régional d'Île-de-France (DASES) SAERP, mandataire	Ministère de la Jeunesse, des Sports et de la Vie associative EMOC (devenu OPPIC), mandataire	Région Pays de la Loire
Partenaires	Partenaires	Partenaires
Agence TER, paysagistes	BVL, architectes associés	Setec, BET TCE
IOSIS, BET TCE	Agence TER, paysagistes	et environnemental
Calvi, BET bois	Ingerop, BET TCE	D'ici là, paysagistes
Mazet & Associés, économistes	Calvi, BET bois	Mazet & Associés, économistes
Quillery, entreprise générale	Pénicaud, HQE	ICM, sous-traitant structure bois
(Eiffage Construction)	Mazet & Associés, économistes	ECSB, consultant bardage
CMB, entreprise bois		et vêture bois
		Avel acoustique, acousticiens
		Alma consulting, BET cuisine
		SOCOTEC, bureau de contrôle
		SOGEA entreprise générale
		ETPO, gros œuvre
		CAILLAUD, lamellé-collé
		BOTTE, fondations
		CEGELEC CVC, électricité
Équipe	Équipe	Équipe
Michel Guthmann	Paul Laigle	Anne Carcelen
Stéphanie Appert	Mathieu Pradat	Paul Laigle
Anne-Laure Bruand	Gilles Quintric	Benoit Fetter
Cécile Miossec	Benoît Fetter	Margaux Larcher
Cécile Villerio	Carine Barret	Sylvain Bouchaud
		Emmanuel Zemori
		Jacques Pyz

Frise chronologique des innovations

2000	2005	2010

Le bois méconnu, la découverte	*Faire connaître le bois, la crainte*	*L'essor du bois, l'innovation*	*Le fruit du travail des majors*

Le bois comme construction sèche : chantier propre rapide en site occupé	Innovations Façade en Origami de bois Vieillissement maîtrisé du bois en façade Charpente lamellé-collé de 21 centimètres d'épaisseur pour une portée de 42 mètres	Innovations Création d'un plancher mixte bois béton : sismique accoustique, bois apparent Création d'un parement bois acoustique intérieur Utilisation de bois français transformé en région
Innovations Charpente Origami de bois Première utilisation de lamibois à l'agence, structure et façade bois résistante aux intempéries		

Lycée Jean-Baptiste Corot, Savigny-sur-Orge	Institut national du sport, de l'expertise et de la performance (INSEP), Paris	Lycée Nelson Mandela, Île de Nantes

Logements, Vélizy-Villacoublay

Maitre d'ouvrage
BNP Paribas Immobilier

Partenaires
Sylva Conseil, BET structure bois
Griveau Ingénierie,
BET structure béton
S2T, BET fluides
AIDA, BET acoustique
Laurence Jouhaud, paysagiste
DAL, économistes

Équipe
Charles Gallet
Annie Radet
Julie Bourgeois

Arboretum, Nanterre

Maîtrise d'ouvrage
WO2
BNP Paribas Immobilier

Partenaires
Nicolas Laisné Architectes
Dream architecture
BASE, paysage
Hubert & Roy, architecture
Barbanel, BET fluides
Terrell, Bet structure
Artelia, BET TCE
Gemo, Maîtrise d'œuvre
d'exécution

Équipe
Paul Laigle
Françoise Boudet
Arielle Chabanne
Cécile Miossec
Balthazar Camus
Annie Radet
Camille Droulers
Cécile Villerio
Guillaume Baillard

2012   **2018**   **2021**   **Demain**

Le bois et la législation   *Le bois à grande échelle*

L'ère de la légifération,
le fruit du travail des majors

Innovations
Travailler sur la visibilité
du bois dans le logement collectif
Le mur ossature bois

Le plus grand campus
de bureaux en bois en Europe

Innovations
Des planchers de bois visibles
sans aucune retombée de poutre
Création d'un modèle industriel
de plafond bois acoustique
démontable
Terrasse bois à pente nulle

Redonner une place
aux savoir-faire locaux
Utiliser le bois français
dans les grandes constructions

Logements, Vélizy-Villacoublay   **Arboretum, Nanterre**

Bibliographie

Ouvrages

Buisan, Stella,
Bois, Montpellier, éditions
Métropoles du Sud, 2019.

Catsaros, Christophe (dir.),
avec Françoise Fromonot,
Stéphane Berthier, et Yann
Rocher, *Les Cahiers de l'Ibois, outils
d'une transdisciplinarité augmentée*,
Lausanne, EPFL Press, 2020.

Kieffer, Benjamin,
*Urbanus Forestam, l'architecture
de la forêt Grand Parisienne*,
mémoire de Master « Métropole »,
sous la direction de David
Mangin, École d'Architecture,
de la Ville et des Territoires
Paris-Est, 2019.

Pryce, Will,
*L'Art et l'Histoire du Bois, bâtiments
privés et publics du monde entier*,
Paris, Éditions Citadelles
& Mazenod, 2005.

Rosenstiehl, Augustin,
*Capitale Agricole, chantiers
pour une ville cultivée*, Paris,
Éditions Pavillon de l'Arsenal,
2018.

Articles

Ballu, Jean-Marie,
« Un paradoxe français, une forêt
sous-exploitée et un risque
d'envol des constructions
en bois importés », Conférence
de l'Association des Eaux
& Forêts, octobre 2017, disponible
sur documents.irevues.inist.fr.

Cazi, Emeline,
« La poussée des villes-forêts
divise les architectes paysagistes »,
in *Le Monde*, 14 novembre 2020.

Cattelot, Anne-Laure,
(députée LRM), *La Forêt et la filière
bois à la croisée des chemins*, rapport
parlementaire, juillet 2020.

Druilhe, Michel
(président de France Bois Forêt)
et Guillaume Poitrinal
(cofondateur de Woodeum
et WO2), « La forêt française
c'est notre chance ! », in *Les Échos*,
4 décembre 2020.

Gadault, Thierry,
« Bercy taille à la hache dans l'ONF »,
in *Libération*, 29 novembre 2020.

Gadault, Thierry, « Pourquoi
l'ONF est au bord de la faillite ? »,
in *Capital*, 21 janvier 2019.

Gadault, Thierry, et,
Franck Dépretz, « Veillée
d'armes pour sauver l'ONF »,
in *Reporterre*, 18 décembre 2020.

Greilsamer, Laurent,
« La feuille est l'usine chimique
de l'arbre », in *Le 1 hebdo*, Hors-série
« Nos Amis les Arbres »,
19 mars 2020.

Jarquin, Paul,
« La relance verte passera par
la forêt et le bois », in *La Tribune*,
24 juillet 2020.

Lacas, Florent,
« La construction bois gagne
des parts de marché », sur
batiactu.com, 26 juin 2019.

Lacas, Florent,
« Pourquoi la construction bois
est encore « disruptive » en 2020 ? »,
d'après une étude menée par
l'Agence qualité construction
(AQC) dans le cadre du programme
Pacte, sur batiactu.com,
11 février 2020.

Mouterde, Perrine,
« Les forêts, grandes absentes du
projet de loi Climat et Résilience »,
in *Le Monde*, 2 mars 2021.

Tariant, Éric,
« Le Vorarlberg laboratoire d'un
développement écoresponsable »,
sur utopiesdaujourd'hui.fr,
25 mai 2015.

Topol, Yves,
« Les bois techniques gagnent
du terrain », in *Boismag*, mai 2020.

Ressources

AFP, « La France va planter
50 millions d'arbres pour repeupler
les forêts », 16 décembre 2020.

agriculture.gouv.fr
– « Comité stratégique de
la filière bois, adhésion de la FNB,
France Bois forêt, France bois
régions et France Bois Industrie
Entreprises », février 2016.
– « Filière bois : qualité du bois
et construction », décembre 2017.
– « Filière bois : le Gouvernement
annonce un plan d'action
international et signe un contrat
2018-2020 », mars 2021.

batirama.com,
« La construction bois a le vent
en poupe », 1er juillet 2019.

Businessimmo, « Le bois
dans tous ces états », édition
spéciale Epamarne France,
décembre 2017.

Éditions Conseil Général
Isère, « Trophées de la construction
bois Isère 2000-2013 ».

fibois-idf.fr,
« Le Pacte biosourcé ».

fibois-Isère,
« Rapport d'activités 2019 ».

forestière-cdc-fr,
« Le marché des forêts en France,
indicateur 2020 ».

franceboisforêt.fr
– « Contrat stratégique
de la filière bois ».
– « La filière française ».
– « Le rôle de la forêt ».
– « Livre blanc : les enjeux
de la forêt française, contexte
national et international ».
– « Schéma d'ensemble
de la filière bois ».
– « Transformer le bois ».

Ministère de la Transition
écologique et solidaire, *rapport
d'évaluation du contrat d'objectifs
et de performance (COP) 2016-2020
de l'ONF, proposition de pistes
d'évolution*, juillet 2019.

ONF, *Rendez-vous techniques
de l'ONF*, nos 67-68, 2020,
disponible sur onf.fr.

« Plan de recherche et
innovation 2025, filière forêt-bois :
synthèse pour décideurs », mission
assigned to Antoine d'Amecourt,
François Houllier, Pierre-René
Lemas, Jean-Claude Sève.

Remerciements

Un livre démarre souvent par l'envie de traiter un sujet particulier ou un phénomène dans l'air du temps qui marque durablement une époque. *Le Bois dont on fait les villes* ne déroge pas à la règle. L'histoire de cet ouvrage a commencé en mars 2020, le 4 très exactement, soit quelques jours avant le premier confinement. À aucun moment, ce contexte sanitaire inédit n'a freiné notre entreprise commune en dépit de son lot de contraintes – notamment le distanciel – car nous tenions à mener ce projet complexe à son terme.

Producteur d'objet d'édition et fort de son expérience, Cyrille Weiner est bien plus qu'un photographe, même si l'on retient de lui son regard sensible et souvent surprenant sur un monde multiple qu'il révèle par l'image. Le graphiste Jad Hussein l'accompagne régulièrement dans ses projets et partage avec lui une même vision du livre, sur le plan intellectuel et émotionnel, qui fait de chaque ouvrage un objet unique. Cette démarche éditoriale m'a confortée dans l'idée qu'un ouvrage est le fruit d'une collaboration étroite qui ne vaut que si elle trouve des alliés et des contradicteurs afin de faire avancer la pensée. Notre triumvirat s'est donc concentré sur la présence du bois dans l'habitat contemporain en cherchant à comprendre pourquoi et comment son usage en pleine expansion annonce un changement de paradigme dans la construction des villes[1].

À l'initiative de Cyrille qui a photographié les projets phares de Leclercq Associés et notamment ses réalisations en bois, le débat sur les perspectives de ce mode constructif a trouvé un écho auprès de François Leclercq et Paul Laigle, pionniers en la matière. Tous deux étaient désireux d'ouvrir la discussion sur cette tendance lourde qui oblige à repenser la véritable dimension écologique des villes en devenir. Volontairement, ils ont écarté l'idée d'une monographie, préférant inclure leurs réalisations au sein d'une vaste enquête qui élargirait et enrichirait notre propos, grâce aux connaissances et aux expériences d'autres acteurs de ce domaine. Ils furent nombreux et nous tenons à les remercier.

Michèle Leloup

Directrice adjointe de l'Institut Français d'Architecture, Marie-Hélène Contal a ouvert le ban en orientant nos recherches vers l'expérience inédite et encore jamais racontée entre le CAUE de Grenoble et le mouvement des *Baukünstler* du Vorarlberg, les architectes et les artisans européens de l'écoconstruction avec lesquels se sont tissés des liens féconds par-delà le massif alpin.

Architecte, enseignant et chercheur, ex-Directeur du CAUE de Grenoble, Serge Gros nous a reçus amicalement chez lui pour nous raconter cette aventure passionnante entre l'Isère et l'Autriche dont il fut l'un des principaux protagonistes entre 2004 et 2010. Organisant tous nos rendez-vous sur place, il nous a permis de rencontrer les témoins clés, c'est-à-dire des acteurs politiques isérois – Georges Bescher et Pierre Kermen –, des industriels de la deuxième transformation du bois – Gérard et John Sauvajon, David Bosch, Michel Cochet – mais aussi Guénaëlle Scolan, directrice de Fibois-Isère, ainsi que l'interprète et architecte Andrea Spoecker dont il faut saluer la disponibilité et l'érudition.

Historienne et Directrice de recherche au CNRS, Andrée Corvol est une pionnière. Parce qu'à son époque une jeune fille ne pouvait présenter le concours d'Agro ni faire ensuite l'École des Eaux et Forêts, elle a préparé un doctorat d'État en s'intéressant aux évolutions de la sylviculture sur près de trois siècles. Cette spécialiste de l'arbre en France transmet son savoir avec passion, humour et bienveillance. Son carnet d'adresses recèle d'experts en sylviculture aux paroles rares qui ont vulgarisé leurs connaissances scientifiques et techniques afin de les rendre accessibles au plus grand nombre.

Expert national dans le domaine de la « Transition agroécologique et performance », Pascal Grosjean est chargé de mission au ministère de l'Agriculture et à la Draaf Auvergne-Rhône-Alpes. Forestier d'État, il a exercé à l'Office national des Forêts durant cinq ans et sa connaissance historique de ce secteur sensible en fait un interlocuteur pointu qui se plaît à expliquer sans relâche les méandres (et l'évolution) des politiques publiques.

Architecte, directrice de la formation des maîtres d'œuvre et des maîtres d'ouvrage au sein du Comité National pour le développement du bois (CNSB), Marion Cloarec fait partie de ces professionnels incontournables qui, les premiers, ont fait la promotion du bois dans la construction dans les années 1990. Sa mission a stimulé les marchés publics et enrichit les pages de la revue *Séquence Bois* dont elle fut l'un des piliers du comité de rédaction. Consultante Filière Bois Construction, elle poursuit notamment son travail pédagogique en qualité de membre du conseil d'administration de l'ENSA Paris-La Villette.

Critique d'art et d'architecture, journaliste indépendant, commissaire d'expositions et auteur prolixe, Christophe Catsaros est pour beaucoup d'entre nous un empêcheur de raisonner en rond par ses prises de positions franches et ses analyses pertinentes sur la fabrique de la ville. Rédacteur en chef de la première édition des *Cahiers de l'Ibois*, initiative éditoriale semestrielle issue du laboratoire de

l'École Polytechnique Fédérale de Lausanne, il a accepté d'apporter sa contribution éclairante à cet ouvrage, n'hésitant pas à porter un regard sans faux semblant sur l'usage du bois dans la construction.

Fraîchement diplômé en architecture, Benjamin Kieffer est l'un des derniers collaborateurs entrés chez Leclercq Associés. Lors de la toute première réunion à l'agence, il a présenté le mémoire de ses deux masters – architecture et urbanisme – consacré à la forêt Grand Parisienne. Une mine d'informations et un domaine de prédilection pour François Leclercq et Paul Laigle pour lesquels le bois d'œuvre doit s'inscrire dans une démarche territoriale forte permettant de réinventer les filières productives locales. Les grandes lignes de ce travail scientifique enrichissent les chapitres de ce livre.

Directeur de Développement chez Maître Cube (jusqu'en septembre 2021), Jean-Philippe Estner est venu nous rencontrer à l'agence à la demande de Paul Laigle. Lors de notre échange à visages masqués – nous étions dans l'apprentissage des gestes barrières – cet architecte de formation a retracé l'engagement de cette entreprise française rassemblant huit industriels du bois – des scieurs, des charpentiers et des menuisiers – qui n'ont pas ménagé leurs efforts pour additionner et mutualiser leurs compétences au service de projets d'architecture sur mesure. L'union fait la force pourrait être leur devise.

Responsable Développement Construction au sein de FCBA à Bordeaux, Centre Technique et Industriel, Patrick Molinié est l'un des meilleurs connaisseurs en France de l'exploitation du bois de l'amont à l'aval de la filière. La visite de ce laboratoire scientifique (3000 rapports d'expertises et d'essais par an) que pilote Patrice Garcia nous a permis d'appréhender les diverses recherches sur le bois (traitement préventif, innovation produit, évaluation des matériaux, assemblages, composants et systèmes).

1   En 2021, tout au long de la rédaction de cet ouvrage, l'usage du bois dans l'habitat a largement occupé les médias qui faisaient état des difficultés de la filière bois, de la reconquête du marché de la construction au démantèlement de l'ONF en passant par les aléas climatiques qui touchent de plein fouet les forêts françaises. Mais pas seulement. Un certain nombre d'articles ont également pointé les dérives spéculatives de cette ressource au fort potentiel qui, en l'espace d'une année, a vu le tarif du m³ grimper de 20 à 30 %, une hausse qui a freiné les projets des promoteurs et stoppé net les chantiers en cours faute de matière première. Cette envolée des prix s'explique notamment par la demande pressante des États-Unis et de la Chine, gros consommateurs de bois européens et français.

Le bois dont on fait les villes

Sous la direction éditoriale
de Michèle Leloup,
Cyrille Weiner et Jad Hussein

avec François Leclercq ,
Paul Laigle et Charles Gallet,
architectes associés

Conception graphique
    Jad Hussein,
assisté de Cécile Legnaghi
pour le traitement des datas
Photographies
    Cyrille Weiner
Contributeurs
    Andrée Corvol,
Pascal Grosjean, Benjamin
Kieffer, Christophe Catsaros
Relecture et secrétariat
de rédaction
    Studio Abble
Traduction
    John Tittensor
Photogravure
    Fotimprim, Paris
Impression
    die Keure, Bruges
Imprimé en janvier 2022

Park Books
Niederdorstrasse 54
8001 Zürich, Suisse
www.park-books.com

La maison d'édition Park Books
bénéficie d'un soutien structurel
de l'Office fédéral de la culture
pour les années 2021-2024.

ISBN 978-3-03860-279-8

Édition anglaise :
ISBN 978-3-03860-258-3